はじめに
Introduction

「福島の災害は
終わっていないし、
今後数千年たっても
収束することはない。」
——ヘレン・カルディコット *Helen Caldicott*

二〇一一年三月一一日、マグニチュード九の地震が日本の太平洋岸を襲った。地震に伴う津波によって、数日のうちに福島第一原子力発電所にある六基の原子炉のうち三基がメルトダウンを起こした。

地震と同時に原子炉建屋への外部電源が失われ、炉心を冷却するために、毎分約四〇〇万リットルの水を供給していたポンプが停止した。施設の地下に設置されていた緊急用のディーゼル発電機が作動したが、それもまもなく津波に飲みこまれた。冷却が機能しなくなったため、1、2、3号機の炉心は数時間後にはメルトダウンを始めた。その後の数日で、三つの炉心すべて（どれも一〇〇トン以上の重さ）が、格納容器底の厚さ一五センチの鉄を溶かし、原子炉建屋のコンクリートの床に流れ出した。同時に、何千本もの核燃料棒を覆っていたジルコニウム合金の被覆《ひふく》が水と反応して水素を発生させ、これが1、2、3、4号機の水素爆発を引き起こした。日本政府と原発を運営する東京電力は、この事実を震災後何カ月も否定していた。

大量の放射性物質が空気中と水中に流れ出た。一九八六年のチェルノブイリ原発事故の三倍の希ガス（アルゴン、キセノン、クリプトン）と大量の他の揮発性および非揮発性の放射性元素、セシウム、トリチウム（※三重水素：中性子をふたつ持つ水素の同位体）、ヨウ素、ストロンチウム、銀、プルトニウム、アメリシウム、ルビジウムなどだ。

現在、福島は歴史上最悪の産業事故となっている。

日本政府が三五〇〇万人の住民を東京から避難させる計画を立てているころ、福島第一から海岸沿いに数キロ離れた福島第二原発の四つの原子炉をはじめとする、他の原子炉も危険に晒されていた。その一方で、爆発の危機が去らない福島第一の近隣からは多数の人々が避難したが、気体状の放射性物質を監視するシステムがあったにもかかわらず、それがどこに流れているかを知らされていなかった。**結果的に、人々は放射線濃度が最大になっている地域に向かって避難することになり、全身を外部からの高いガンマ放射線に晒し、放射性物質混じりの空気を吸い、放射性元素を吸収することになった**【注1】。

被曝した人に不活性のヨウ化カリウムを投与すれば、放射性ヨウ素の甲状腺への侵入を阻止できたはずだ。しかし、良心的な町長がいた三春《みはる》町以外では支給されなかった。予防のためのヨウ素は事故の数日後には福島医大のスタッフに配布されていた。大学近くの葉野菜で一キログラムあたり一九〇〇万ベクレルという極度に高レベルの放射性ヨウ素が検出されたからだ。ヨウ素汚染はすでに葉野菜と牛乳に広まっていて、セシウムをはじめとする他の放射性物質による汚染も、日本の多くの地域で野菜、果物、肉、牛乳、米、茶に広がっていた。

福島の災害は終わっていないし、今後、数千年たっても収束することはない。日本は広い範囲で放射性降下物に覆われ、その毒性は何十万年も残るだろう。簡単に〝除染〟できるものではなく、食物や人間や動物をむしばんでいく。完全なメルトダウンを起こした福島第一の三基の原子炉は解体も封鎖も望み薄だ。東京電力は、そのような大規模な工事には三〇年から四〇年以上かかると主張している。国際原子力機関（ＩＡＥＡ）の予測によれば、ダメージを受けた原子炉は放射線量が危険なレベルにあるため、四〇年たっても何の進展も見こめないとのことだ。

この事故は医学的意味においてチェルノブイリの大惨事に匹敵する。福島のメルトダウンで放射性元素を取りこんだ住民の間には、がんが蔓延するだろう。チェルノブイリでの一度のメルトダウンと爆発でヨーロッパ大陸の四〇パーセントが汚染された。ニューヨーク科学アカデミーが発表した二〇〇九年の報告書によると、すでに一〇〇万人以上の人々がこの事故の直接的な影響で死亡している。**ヨーロッパの多くの地域が、今後何百年も放射能に晒されるのだ。同じことが日本でも起こっている【**注2**】**。

●放射線の医学的影響

・事実その一：「安全な放射線量」というものはない。また体に入った放射性元素は蓄積し、悪性腫瘍あるいは遺伝的疾患を発症させるリスクを高める。
・事実その二：子供は大人の一〇〜二〇倍、放射線の発がん効果を受けやすい。女性は男性より影響を受けやすく、胎児と免疫不全の患者もきわめて敏感である。
・事実その三：原子炉のメルトダウン（あるいは核兵器の爆発）により受けた高濃度の放射線は、脱毛、激しい嘔吐、下痢、出血などの深刻な放射能疾患を引き起こす可能性がある。このような疾患、特に子供の疾患は、福島の事故の数カ月後には報告されている。
・事実その四：がんと白血病の潜伏期間は五〜一〇年。固形がんの場合は一五〜一八年。すべてのタイプのがんが放射線の体外および体内被曝によって引き起こされるおそれがある。卵子や精子の突然変異によって六〇〇〇以上の遺伝的疾患も生じ、それは将来の世代にも引き継がれる。

医療行為や空港でのX線検査から、原子炉から漏れる放射性物質や核廃棄物の保管施設にいたるまで、身のまわりの放射線レベルが高まるにつれ、将来の世代にがんや遺伝的疾患が増加することは避けられない。チェルノブイリや福島の原発と同様な災害が起きれば、被曝した住民にとっては、がんと遺伝性疾患、どちらのリスクも急激に上昇する。

●電離放射線の種類

電離放射線には五つの種類がある。

・X線は電磁波で、人体を通過した瞬間に突然変異を引き起こす。放射性物質からは放出されず、人工の医療機器のみから発生する。

・ガンマ線も電磁波で、原子炉で作り出される放射性物質の多くはこれを放出する。土壌の放射性物質によってもある程度は自然に生まれる。

・アルファ線は微粒子で、ウラン原子と原子炉で作られるプルトニウム、アメリシウム、キュリウム、アインスタイニウムなどの元素から放出されるふたつの陽子とふたつの中性子で構成されている。アルファ粒子は人体内できわめて短い距離しか移動せず、表皮の角質層を通って生きている皮膚細胞にダメージを与えることはできない。しかし、この放射性元素が肺や肝臓や骨や他の臓器に入ると、長い時間をかけごく狭い範囲の細胞を大量の放射線で被曝させる。こういった細胞のほとんどは死んでしまうが、放射線場の端にあるものは生き残る。それは変異することが多く、がんの原因になる可能性がある。アルファ放射体はもっとも発がん性が高い物質のひとつである。
・ベータ線はアルファ線同様、微粒子だ。帯電電子で、ストロンチウム90、セシウム137、ヨウ素131などの放射線元素から放出される。質量が小さく、アルファ粒子より遠くまで移動し、これも突然変異を誘発する。
・中性子線は原子炉や原爆の核分裂過程で放出される。福島1号機は、周期的に中性子線を放出している。中性子は大きな放射性粒子で何キロも移動し、薄いコンクリートや鉄など、多くのものを通過する。中性子線から身を隠すすべはなく、突然変異性はきわめて高い。

これ以外にも二〇〇種類以上の放射性元素があり、それぞれに固有の半減期（※放射性物質が放射性崩壊によって別の核種に変わる際、もとの物質の半分になるまで減るのにかかる時間）、生物学的特性、食物連鎖と人体における侵入経路がある。驚くことに、その生物学的経路はほとんど究明されていない。しかも目に見えず、無味無臭だ。がんの兆候が現れた場合、その病因を正確につきとめるのは不可能だが、広島や長崎のデータをはじめとして、放射線ががんの原因になることを証明している論文は多数ある。

福島で空気中と水中に放出され続けている放射性元素のうち、五つの特性を示しておく。

・トリチウムは放射性水素だ。酸素と結びついてトリチウム水となるので、汚染された水からトリチウムを取り除く方法はない。トリチウムを吸着できることがわかっているのは、非常に稠密《ちゅうみつ》な物質である金だけだ。そのため、すべての原子炉からは運転中に大量のトリチウムが空中と冷却水に放出され続ける。藻、海藻、甲殻類、魚などの水生生物や陸生の食用生物のなかでも濃縮される。すべての放射性元素と同じく無味無臭で目に見えないため、吸いこまれたり、食べ物を通して消化されたりしてしまう。原子炉近くのトリチウム水を含む霧のなかに入ると、肌や肺に制限なく入りこむ。トリチウムは脳腫瘍、胎児の奇形、さまざまな臓器のがんを引き起こす可能性がある。半減期は一二・三年なので、それだけ経てば放射性エネルギーが半分に減るが、言い換えれば、一〇〇年以上放射性であり続けるということだ。

・セシウム１３７は半減期が三〇年で、ベータ線と高エネルギーのガンマ線を放出する。

三〇〇年以上にわたって放射性危険物質として検出され、すべての放射性元素と同様、食物連鎖（人体は食物連鎖の頂上に位置する）のどのレベルでも生物学的に濃縮する。カリウムと類似しており、どんな細胞にでも存在できる。セシウムに晒されると、脳腫瘍、横紋筋肉腫《おうもんきん》（非常に悪性の筋腫瘍）、卵巣および精巣がん、遺伝的疾患に冒される可能性がある。

・ストロンチウム90は半減期が二八・八年で、高エネルギーのベータ線を放出する。カルシウムと類似しており、向骨性《こうこつせい》物質（※骨に集積しやすい物質）だ。食物連鎖、特に乳（母乳を含む）で濃縮し、人体の骨と歯に沈着する。ストロンチウム90に晒されると、乳がんや骨肉腫、白血病になる可能性がある。

・ヨウ素131は半減期が八日で、ベータ線とガンマ線を放出する。危険物質として一〇週間とどまり、食物連鎖で生物学的に濃縮する。最初は野菜と乳、それから人体の甲状腺で濃縮され、甲状腺疾患や甲状腺がんを引き起こす強い発がん性物質として働く。注目してほしいのは、福島県で甲状腺の超音波検査を受けた、一八歳未満の二九万五五一一人のうち、八九人が甲状腺がん、四二人以上にその疑いがあると診断されたことだ。チェルノブイリでは、事故の四年後まで甲状腺がんと診断された例はない。福島でこれほど早く発症したということは、日本の子供たちが高レベルのヨウ素131に晒されていることがほぼ確実で、ヨウ素とともに他の多くの同位元素にも高いレベルで影響を受けているということだ。被曝した人たちは同じようにダメージを受けているはずなので、他のがんの発症率も上昇することはほぼ間違いない。

・プルトニウムは非常に危険な元素で、アルファ線を放出する。毒性が高く、一グラムの一〇〇万分の一でも肺に吸収されれば、がんを引き起こす。鉄と類似しており、鉄伝達タンパク質のトランスフェリンと結合し、肝臓がん、骨肉腫、白血病、多発性骨髄腫の原因になる。精巣と卵巣で濃縮され、精巣がんや卵巣がんを引き起こすばかりか、将来の世代に遺伝的疾患をもたらす可能性がある。催奇性《さいきせい》（※生物の発生段階において奇形を生じさせる性質のこと）でもあるので、発育中の胎児の細胞を殺し、深刻な先天性異常の原因になる。チェルノブイリではプルトニウムによる被曝の結果、クリニックは医学史上かつてなかったほど多くの先天性異常の子供でいっぱいになった。半減期は二万四四〇〇年なので、約二五万年間放射性であり続ける。原子爆弾の材料でもあり、五キログラムもあればひとつの都市を蒸発させることができる。ひとつの原子炉で一年間に作られるプルトニウムの量は、二五〇キログラムだ。数キログラムのプルトニウムでも、きっちり分配されれば地球上のすべての人を肺がんにできると言われている。

原発事故による放射能汚染と放射性降下物が長期的で深刻な医学的影響をもたらすのは、放出された放射性元素が数百年から数千年にわたって食物連鎖で濃縮され続け、がんや白血病、遺伝的疾患の蔓延を引き起こすからだ。そうした兆候はすでに、鳥類や昆虫に現れている。繁殖が非常に速いこうした種は、多くの世代を通じて放射能による変異を比較的短い時間で観察できるからだ。先駆的研究により、チェルノブイリと福島の立ち入り禁止区域で、鳥類の腫瘍、白内障、遺伝子変異、不妊、脳の委縮が高確率で発生していることが明らかになった。動物に起こり得ることは人間にも起こる【注3】。

日本政府は福島第一原発から放射能汚染を取り除こうと必死になっている。しかし現実には、汚染物を集めて容器（たいていはビニール袋）に入れ、別の場所に移すことしかできない。請負業者のなかには、放射性のがれきや土や葉を川や他の違法な場所に捨てさせているところもある。このような元素を中和する方法も、それが今後、拡散しないようにする方法も確立していないのだ。最大の問題は汚染物質を安全に保管し、何千年ものあいだ、環境から隔離しておく場所だ。どんな容器でも一〇〇年以上効果は保てない。長寿命の放射性元素は、遅かれ早かれ、漏出してしまう。これだけの量の汚染水や汚染土壌を保管しておく場所は日本にはない。国内にある五四基の原子炉で蓄積される何千トンもの高レベル放射性廃棄物は言うまでもない。

がん、先天性異常、汚染された食物――これらは好きなときに明かりやコンピュータをつける、あるいは核兵器を造るために、将来の世代に残している遺産なのだ。アインシュタインは言った。「原子力の抑制がきかなくなったことですべてが変わったが、我々の考え方は変わっていない。だから、我々はかつてない破滅的結末へと向かっているのだ」人類はこの破滅的結末を避けられるだけの成熟を遂げられるだろうか？

福島第一での悲劇的な原子力事故から数年、世界中の主なメディアと著名政治家は放射線生物学に対して恥ずべき無視を決めこんでいた。これに対して私は、二〇一三年三月一一日と一二日、ニューヨーク医学アカデミーで、福島の医学的・生態学的影響についての二日間のシンポジウムを開催した。幸い、世界有数の科学者、疫学者、物理学者、医師が集い、福島に関する最新のデータと研究結果を発表してくれた。本書『終わりなき危機（Crisis Without End）』はそこでの重要な発表を編集したものであり、原子力産業にも一般大衆にも知らされていなかった情報が含まれている。

本書は日本の元首相、菅直人氏のエッセイから始まる。菅元首相は事故当時の責任者で、現在は熱心な反原発論者だ。物理学者である小出裕章氏は日本の原発の現状を述べ、国会事故調査委員会のメンバーである崎山比早子博士は、委員会の研究結果についてきわめて重要な報告をしてくれた。日本の元国連職員松村昭雄氏は、日本政府と原子力産業が真実を隠し、この恐ろしい事故が現在と将来にもたらす医学的危機について国民に適切な情報を与えなかった事実をつまびらかにしている。

遺伝子学者のウラジミール・ヴェルテレッキー博士は、チェルノブイリ事故後にウクライナのリウネ州で見られた先天性異常に関するデータを示してくれた。これは福島の事故後、日本における新生児の先天性異常を疫学的に推測する科学的基礎となるだろう。実際、放射線を浴びた人々の間でそうした異常例の発生報告は増加しており、博士の予測が正しいことが明らかになっている。

進化生物学者のティモシー・ムソー博士は、チェルノブイリと福島の立ち入り禁止区域内の鳥類、哺乳類、昆虫における突然変異、先天性異常、腫瘍の調査に基づく発見を示してくれた。これら生態系への放射線の影響は、人体の健康に直接応用できる。内部被曝と〝低線量放射線〟に関する博士の先駆的研究は、原子力産業とその同盟団体――ＩＡＥＡ、世界保健機関（ＷＨＯ）、原子放射線の影響に関する国連科学委員会（ＵＮＳＣＥＡＲ）、国際放射線防護委員会（ＩＣＲＰ）――が奨励している「安全な放射線被曝」という考えを根底から覆すだろう。

広島と長崎での原爆の生存者を対象にした原爆傷害調査委員会の研究に関する、伝染病学者のスティーヴン・ウィング博士の洞察に満ちた章も非常に重要な研究になっている。この委員会は原爆投下から一三年も経過した一九五八年まで、被爆者におけるがんの発症を調査していなかった。さらに原爆投下後の五年間、何のデータも集めなかったので、極度に影響を受けたグループは調査より前に亡くなってしまっていた。こうした穴だらけの研究が、現在、原子力監査機関によって「真実」とされ、医学界と原子力産業界の放射線被曝ガイドラインの基準となっていたのだ。

他には、メアリー・オルソン氏による、胎児、子供、女性、免疫不全の人、高齢者というさまざまなグループにおける放射線の多様な影響の研究もある。シンディ・フォルカース氏は、アメリカの環境保護庁（ＥＰＡ）、食品医薬局（ＦＤＡ）、その他日米の関連機関が食物の放射能汚染検査を行っていない無責任さを手厳しく追及している。

経験豊富な原子力技師のデイヴィッド・ロックバウム氏とアーノルド・ガンダーセン氏

は事故の力学と、構造的に脆弱で、さらに地震でもろくなった建物、溶けた炉心、莫大な放射性廃棄物であふれた燃料プールに関する原子力科学的予測を、鮮明かつ詳細に述べている。

放射線の生物学的影響についての異なる見解がスティーヴン・スター氏、イアン・フェアリー博士、デイヴィッド・ブレンナー博士によって示された。日米双方の高レベル放射性廃棄物の増加についてては、エネルギー省の元官僚であるロバート・アルバレス氏と核廃棄物のスペシャリストであるケヴィン・キャンプス氏が述べている。さらに、ふたりの大家による挑発的で魅力的なエッセイも収録した。テネシー峡谷開発公社（ＴＶＡ）の元会長であるデイヴィッド・フリーマン氏と、ハーバード大学とスタンフォード大学の放射線学の元教授で、アメリカ科学アカデミー（ＮＡＳ）による電離放射線の生物学的影響に関する委員会（ＢＥＩＲ）第七報告書のアドバイザーでもあるハーバート・エイブラムス博士である。

また、本書には、アレクセイ・ヤブロコフ博士によるきわめて優れた論文も掲載されている。博士はソ連、ウクライナ、ベラルーシなどから数多くの科学的・医学的・疫学的論文を集め、チェルノブイリ事故によって起こった疾患と死亡例を膨大な記録にまとめた。

ヤブロコフ博士は先駆者であるが、そのたぐいまれな研究は世界中の科学界にまだ十分に認められてはいない。

本書に登場する用語

放射性物質	放射線を出す物質
放射能	放射性物質に備わる「放射線を出す性質（能力）」(radioactivity) 具体的な物質を強調したいときは「放射性物質」とする
放射線量	放射線の量（単位：シーベルト、レム、グレイ） ※単位時間あたりの量も指す
電離放射線	放射線のこと。単に「放射線」とも（ionizing radiation）
被曝量	人体が浴びる放射線量
実効線量	放射線量を部位や核種の係数で補正したもの（effective dose）
圧力容器	燃料棒集合体を納める容器（reactor vessel）
格納容器	圧力容器や配管を納める容器（containment building)
原子炉建屋	格納容器や使用済み燃料プールのある建物（reactor building）
気体状の放射性物質	大気に乗って流れる微小な放射性物質。プルーム（plumes）とも

単位換算

1 フィート＝ 30 センチ

1 ヤード＝ 0.9 メートル

1 マイル＝ 1.6 キロメートル

1 バレル＝ 159 リットル

1 ガロン＝ 3.785 リットル

1 シーベルト＝ 1 グレイ＝ 100 レム＝ 0.1 レントゲン

1 キュリー＝ 370 億（3.7 ＊ 10 の 10 乗）ベクレル

本書は、2013 年 3 月 11 日、12 日の両日に、ニューヨーク医学アカデミーで開催されたシンポジウムの研究結果をまとめた書籍の翻訳である。

本文中の（※）は、日本語版制作にあたっての訳注である。

【注】に関しては、すべて 250 頁以降にまとめる。

CRISIS WITHOUT END edited by HELEN CALDICOTT

はじめに　ヘレン・カルディコット　Helen Caldicott　1

第1章　**もっとも安全なエネルギー政策は原発をなくすこと**　25
菅 直人　Naoto Kan

第2章　**汚染された世界に生きる**　31
小出裕章　Hiroaki Koide

第3章　**驚くに値しないさらなる驚き**　37
デイヴィッド・ロックバウム　David Lochbaum

第4章　**国会事故調査委員会の調査結果**　45
崎山比早子　Hisako Sakiyama

第5章　**放射性セシウムに汚染された日本**　53
スティーヴン・スター　Steven Starr

第6章 世界は福島の事故から何を学んだか？ 85
松村昭雄 Akio Matsumura

第7章 電離放射線の生物系に及ぼす影響について 95
デイヴィッド・ブレンナー David Brenner

第8章 福島における初期の健康への影響 103
イアン・フェアリー Ian Fairlie

第9章 チェルノブイリと福島における生物学的影響 111
ティモシー・ムソー Timothy Mousseau

第10章 WHOとIAEA、ICRPがついた嘘 119
アレクセイ・V・ヤブロコフ Alexey V. Yablokov

第11章 ウクライナ、リウネ州における先天性奇形 131
ウラジミール・ヴェルテレツキー *Wladimir Wertelecki*

第12章 いつ何を知ったのか 145
アーノルド・ガンダーセン *Arnold Gundersen*

第13章 使用済み核燃料プールと放射性廃棄物の管理 155
ロバート・アルバレス *Robert Alvarez*

第14章 日本とアメリカにおける七〇年間の放射能による危険性 167
ケヴィン・キャンプス *Kevin Kamps*

第15章 福島の事故後の食品監視 189
シンディ・フォルカース *Cindy Folkers*

第16章 原子力時代におけるジェンダー問題 201
メアリー・オルソン Mary Olson

第17章 原子力施設から放出される放射線についての疫学調査 209
スティーヴン・ウィング Steven Wing

第18章 低レベル電離放射線の被曝によるがんの危険性 223
ハーバート・エイブラムス Herbert Abrams

第19章 原子力発電の台頭と衰退 233
デイヴィッド・フリーマン David Freeman

第20章 原子力時代とこれからの世代 241
ヘレン・カルディコット Helen Caldicott

寄稿者について

第1章　菅直人　日本の元総理大臣

第2章　小出裕章　京都大学原子炉実験所の放射性安全管理のスペシャリスト

第3章　デイヴィッド・ロックバウム　「憂慮する科学者同盟」原子力安全プロジェクト代表

第4章　崎山比早子　元放射線医学総合研究所主任研究官。東京電力福島原子力発電所事故調査委員会の委員でもあった

第5章　スティーヴン・スター　「社会的責任を果たすための医師団」シニアサイエンティスト、ミズーリ大学臨床実験学科ディレクター

第6章　松村昭雄　「世界生存に関する議会指導者の国際フォーラム」の創立者

第7章　デイヴィッド・ブレンナー　コロンビア大学医学部・放射線生物物理学教授

第8章　イアン・フェアリー　放射線生物学者、放射線リスクコンサルタント、英国政府による内部被曝リスク検討委員会の前科学担当書記

第9章　ティモシー・ムソー　サウスカロライナ大学・生物科学教授

第10章　アレクセイ・V・ヤブロコフ　ロシア科学アカデミーのメンバー

第11章　ウラジミール・ヴェルテレッキー　ウクライナの子供発育プログラムであるオムニネットの委員長、ニューヨーク州立大学・生物医学人類学助教授

第12章　アーノルド・ガンダーセン　フェアウインズ・エナジー・エデュケーションの原子力エンジニア

第13章　ロバート・アルバレス　政策研究所の上級研究者

第14章　ケヴィン・キャンプス　「ビヨンド・ニュークリア」の高レベル廃棄物管理と輸送における専門家

第15章　シンディ・フォルカース　「ビヨンド・ニュークリア」の放射線と健康における専門家

第16章　メアリー・オルソン　「核情報資料サービス」南東部局ディレクター

第17章　スティーヴン・ウィング　ノースカロライナ大学ギリングス公衆衛生学校・疫学准教授

第18章　ハーバート・エイブラムス　スタンフォード大学・放射線科名誉教授、アメリカ科学アカデミー「電離放射線の生物学的影響に関する委員会」の一員

第19章　デイヴィッド・フリーマン　テネシー峡谷開発公社の前会長、ロサンゼルス市水道電力局、ニューヨーク州電力公社、ニューヨーク電力公社、サクラメント電力公社の元ゼネラルマネージャー

第 1 章

もっとも安全なエネルギー政策は原発をなくすこと

No Nuclear Power Is the Best Nuclear Power

「原発は過渡的な
エネルギー源にすぎない。
次の世紀に存在してはならない
技術なのだ。」
——菅 直人 *Naoto Kan*

二〇一一年三月一一日に起きた福島第一原子力発電所事故にはふたつの原因がある。ひとつは、日本の歴史上未曽有の大地震と津波による完全な停電だ。ふたつめは人災によるものだ。誰もこのようなシナリオを予測していなかったため、東京電力も政府も適切な予防策を講じていなかった。

三月一一日の夜、地震発生の約四時間後に1号機がメルトダウンを起こした。溶け出した核燃料は格納容器の床にたまり、その後、1〜4号機の水素爆発と1、2、3号機のメルトダウンが続いた。三月一五日の午前三時ごろ、東京電力は作業員の避難を求めた。東電の作業員が撤退すれば、原子炉のコントロールはほとんど不可能になる。作業員を大きな危険に晒すことはわかっていたが、私は東電の清水社長にそこにとどまって原発事故に対応するよう強く求め、東電は最終的にはそれに合意した。三月一七日、自衛隊が使用済み核燃料プールに空中から放水を始めた。

被害が広がるなか、私は原子力委員長の近藤駿介氏に、最悪の場合のシミュレーションを検討するよう依頼した。福島第一には六基の原子炉と七つの使用済み核燃料プールがあった。そこから一二キロ離れた福島第二原発には四基の原子炉と四つの使用済み核燃料プール、合計するとその地域には一〇基の原子炉と一一の使用済み核燃料プールがあったわけだ。三月一一日までは、チェルノブイリが歴史上最悪の原発事故だったが、それはたった一基の原子炉によるものだ。それに対して、福島では一〇基の原子炉すべてにメルトダウンの可能性があり、空中に放射性物質が放出されるおそれがある。それが現実になっていれば、きわめて広い範囲での避難が必要になっただろう。当時私が危惧していたのはそういう事態だった。

原子力委員長の近藤駿介氏からの報告は、最悪のシナリオの場合、二五〇キロ圏内の人が避難することになり、一〇年、二〇年、あるいは三〇年の間は帰宅できないだろうというものだった。二五〇キロ圏内には東京を含め五〇〇〇万人、日本の人口の四〇パーセントが住んでいる。五〇〇〇万人が家を捨て、職場や学校を離れ、入院患者が病院から出なければならなくなったら、避難中にさらなる多数の犠牲者が出ていたはずで、日本はたちまち国家の体をなさなくなっていただろう。結局、自衛隊による懸命の対応と、状況がさらに悪化する前に原子炉に注水できたこと、4号機の燃料プールに水が奇跡的に残っていたことなどの「神のご加護」によって、放射性物質の拡散は最小限にとどめられた。とはいえ、最悪のシナリオが現実になる可能性は大きかったのだ。

事故が起こるまでの日本の事故政策は不適切だった。電力会社は津波に対する備え、たとえば、予備電源を高い位置に設置するなどの措置を怠っていた。原発事故に対処する主たる役割は経済産業省の傘下にあった原子力安全・保安院が担っているはずだったが、そのトップは原子力の専門家ではなく、法律や経済畑の人間だった。彼らも部下たちもこれほど大規模な原発事故に対する備えはなく、そのことが災害の拡大をもたらした。

二〇一一年以降、国内および国際的なエネルギー政策に照らして、原子力発電にどのように対処していくべきかを私は考えてきた。**国土の半分を失い、国民の半分を避難させるリスクを考えると、「もっとも安全なエネルギー政策は原発をなくすことだ」という結論に達した。**

将来のエネルギー政策を考える際には、太陽が過去四五億年の間地球のほぼすべてのエネルギー源だったという事実を思い出す。人類が原子を操り、エネルギー源としての原子力発電への道を開いた瞬間、地球上の生命とは共存できない技術を作り出してしまったのだ。将来のエネルギー政策は、風力、太陽光、バイオマスのような再生可能エネルギーの利用を拡大していくことに焦点をあて、原子力や化石燃料への依存は避けるべきだ。日本では福島の事故以来、固定買取価格制度を導入した結果、再生可能エネルギーが急速に人気を得ている。

事故のリスクだけが原子力発電所の問題ではない。使用済み核燃料、つまり核廃棄物が発生するが、それを安全に処理する実行可能な解決策は見つかっていない。日本は世界のどこよりも地震が多く、長期間核廃棄物を保管することはほぼ不可能だ。原発がもっとも安価なエネルギー源だという従来の見解は根本的に誤りだと立証されている。**原発は安価ではない。**日本の多くの専門家や政治家はいまだにそう考えているが、とりわけ再処理と廃棄物処分のコストを考えると、経済的だといえるものではないし、今後も決してそうはならない。**原発は過渡的なエネルギー源にすぎない。次の世紀に存在してはならない技術なのだ。**

第 2 章

汚染された世界に生きる

Living in a Contaminated World

「時計はもとに戻せない。
私たちは汚染された世界に
生きるしかない。」
——小出裕章 *Hiroaki Koide*

原子力発電所は、ウランの核分裂によって放出されるエネルギーによって電力を生み出す機関だ。ウランが分裂すると、原子炉の炉心内で核分裂生成物が蓄積される。これらは放射性物質なので熱を発生する。

福島第一原子力発電所は地震と津波に襲われた後、自分自身で発電する能力を失った。さらに送電網が地震によって破壊されたため、外部から受電する能力も失った。緊急時のディーゼル発電機は津波で水浸しになり、使えなくなった。しかし、炉心内に蓄積していた放射性物質は「崩壊熱」と呼ぶ熱を出し続けた。その発熱を冷却できなければ、炉心がメルトダウンを起こすことは避けられない。冷却するためには水を流さなければならない。水を流すためにはポンプが必要で、ポンプを動かすには電気が必要だ。だが、一切の電気を利用できなかったためポンプが動かせず、炉心を冷却する水を送ることは誰にもできなかった。原子力発電所が、ウランを核分裂させて動いている機械である以上、こうした事故はどんな原発でも起こり得るものだ。

福島第一原子力発電所にある六基の原子炉のうち、地震と津波に襲われた当日、4号機は定期検査中で止まっていたが、そのほかの原子炉は稼働中だった。運転員がどうにか核分裂は止めた。5号機と6号機はかろうじて非常用発電機が一基だけ生き延びたため、最悪の事態は免れたが、1号機から4号機までは一切の電気を利用できなくなった。そのため、「崩壊熱」を冷却できなかった。これが1号機、2号機、3号機のメルトダウンを引き起こした。

炉心はおよそ一〇〇トンの焼結されたウラン燃料で満たされていて、摂氏二八〇〇度以下では熔融しない。しかし、長期間運転が続いていたときに原子炉に溜まっている核分裂生成物は厖大《ぼうだい》な量になっており、1号機、2号機、3号機の炉心は簡単に熔融した。原子炉の炉心がある場所は私たちが「原子炉圧力容器」と呼ぶスチール製の圧力鍋のようなもので、摂氏一四〇〇～一五〇〇度で熔融する。熔融した焼結ウランは圧力容器の底を熔融し、放射性物質を密封するために設計されていた格納容器の底に流れた。その格納容器すら、熔融した炉心のためにすでに破壊されているかもしれない。いずれにしても過酷な事故が進行したため、格納容器は放射性物質を密封する能力を失っていた。原子炉がメルトダウンしたときに発生した水素は、すでに密封能力を失った格納容器から原子炉建屋に漏れ、原子炉建屋内で爆発を起こした。当然、放射性物質も爆発と同時に環境に放出された。

セシウム137は核分裂生成物の一種で、広島に落とされた原爆でも放出された。それは、人体への被曝を考えるときに非常に危険な放射性物質だ。福島第一の1、2、3号機から空気中に放出されたセシウム137の量は、日本政府が国際原子力機関（IAEA）に提出した報告書によると、広島の原爆の一六八倍とされている。この数字はたぶん過小評価であろう。現在までに広島原爆の四〇〇〜五〇〇〇倍のセシウム137が福島第一の事故によって空中に放出されたという論文も存在している。同時に、ほぼ同じ量の放射性物質が水中に溶けこみ、地面と海に流れこんでいる。

日本は北半球温帯に属し、上空には偏西風という強い西風が吹いている。福島第一原子力発電所は東北地方の太平洋沿岸に位置している。東側は海で、放出された放射能の大部分は太平洋上に流された。しかし、地上では南や北、あるいは東から風が吹くときもある。そのようなときには、吹き出してきた放射性物質は東北地方や関東地方に降下した。日本の法律を厳密に適用するならば、土壌が一平方メートルあたり四万ベクレル以上に放射性物質で汚染された場所は、放射線管理区域に指定しなければならない。しかし、放射線管理区域に指定しなければいけない面積は一万四〇〇〇平方キロになり、東北地方と関東地方の広大な地域が避難区域になってしまう。こうした現実に直面した日本政府は、その地域に住む住民に対し何もしないことを決め、彼らは見捨てられた。原発の周囲およそ一〇〇〇平方キロだけは、さすがに人々を住まわせることができないと政府も判断し、そ

こに住んでいた一〇万人以上の人々は家を失い、生活を根こそぎ破壊されて流浪化した。しかし、本来放射線管理区域と指定されるべき場所に残された人の数は数百万人にのぼる。**赤ん坊も子供も含め、彼らは日々放射能に晒され続けている。**

福島第一の惨事は終わっていない。二〇一一年三月一五日、４号機が爆発した。４号機は震災時には稼働していなかったため、炉心にあった五四八本の燃料集合体を含め燃料棒はすべて原子炉建屋の使用済み核燃料プールに移されていた。プールの底に沈んでいた燃料には、広島の原爆がまき散らした一万四〇〇〇発分にも上るセシウム１３７が含まれていた。一方、爆発によって破損した原子炉建屋は、使用済み燃料プールをむき出しの状態で宙づりにしたまま、福島原発の近辺ではほぼ毎日のように余震が起こっていた。新たな地震が起こって使用済み核燃料プールが破損したら、冷却は不可能になる。（日本国政府も東京電力もこの危険性を認識していたため、二〇一三年十一月から、４号機使用済み燃料プールから共用燃料プールへの燃料の移動をはじめ、二〇一四年十一月になってようやくに作業を終えた。）

日本は原子力発電を選んだ。その選択は原発の近辺に住む住民を深い絶望に陥れた。また、災害を少しでも早く収束させるために、多くの作業員を被曝作業にあたらせることになった。残念ながら、**時計はもとに戻せない。私たちは汚染された世界に生きるしかない。**

できるだけ早くこの災害を終わらせ、放射能に晒される人、特に子供の被曝を減らすために、できることをしなければならない。とはいえ、日本は長期間原子力発電を続けてきた。政界や財界には、日本は原発なくして生き残れないと言い続ける声がある。しかし、すべての原発を廃止しても電力供給に影響がないことは、これまでの日本国の統計データによってずっと以前から分かっていたし、事実、原子力発電がすべて止まった今も、日本では電力供給に全く支障が出てない。日本の原発はすべてできるだけ早く廃止するべきだと私は思う。そして**日本で原子力を進めてきた人たちには、さらなる大きな悲劇を起こさない責任がある。問題は、彼らにはその自覚が一向にないことである。**

第 3 章

驚くに値しないさらなる驚き

About Unsurprising Surprise

「今度は大丈夫だろうなどと
期待して同じ愚を繰り返すなど、
狂気の沙汰だ。
テクノロジーは無慈悲なのだ。」
——デイヴィッド・ロックバウム *David Lochbaum*

段階的危機管理がゼロだった福島第一原発

福島第一原子力発電所の惨事を引き起こした一連の危機は、予測可能だった。きっかけはマグニチュード九・〇の地震だったが、原発にとっては難敵でも驚異でもないはずだった。福島第一は重大事故に備えて設計されており、入手可能な証拠によれば、あらゆる安全システムは地震に耐え、炉心の冷却が想定どおりに行われていたはずだ。だが、地震は広い範囲で送電網を破壊した。ポンプ、モーター、空調、照明、そして炉心冷却のためすべての機器の電力には送電網が必要だった。

送電網がマグニチュード九・〇未満の地震でも耐えられないということは以前から知られていた。送電網が機能しなくなることを想定して、十数台のディーゼル発電機が設置されていた。各原子炉にディーゼル発電機が一台あれば、炉心の損傷を防ぐために冷却を行う安全システムには十分だった。残りの発電機はバックアップ用だった。地震によって通常の電力供給が絶たれた場合、この緊急用ディーゼル発電機が自動的に作動し、炉心の冷却に必要な機器への電力を供給する。

しかし、地震によって発生した津波が約四五分後に到着した。海に面した原発が津波に襲われる事態に備え、七メートル近い高さの防波堤が原発のまわりに設置されていたが、残念ながら、その日の津波は一三メートルを超えるものだった。何年も前に、日本の研究者がこの場所は一四メートル近い津波に襲われる可能性があると提言したが、東京電力と監視機関は、これを過剰な推測だとして却下し、防波堤には何の変更も加えられなかった。さらに、地震当時稼働していた三基の原子炉用に設置されていたディーゼル発電機はタービン建屋の地下にあり、しかも海岸にいちばん近い場所だった。この位置は地震にはもっとも強かったが、津波にはもっとも弱い。低い防波堤ゆえほとんど威力を失わなかった津波は敷地一帯を水浸しにし、開いた入り口と換気のための小窓からタービン建屋に流れこんだ。水没したディーゼル発電機は停止した。東電は「すべての卵をひとつのびしょ濡れのかごに入れ」ていたのだ（※ウォール街の格言「すべての卵をひとつのかごに盛るな」より）。

送電網が失われ、ディーゼル発電機も動かなくなる事態に対応すべく、ひとつの安全システムに八時間は送電できるバッテリーも設置されていた。これらの一部も津波によって使用不能になり、結局のところ、発電所は九日間停電状態になった。複数の安全システムが必要となる可能性も検討され、バックアップのバックアップさえ開発されていた。そのなかには消防車や船のディーゼルエンジンによってポンプを動かし、炉心に冷却水を供給するというものもあった。しかし、圧力容器内部の圧力はポンプによって生まれる水圧の四倍近くになった。言い換えれば、こうしたポンプは圧力容器が減圧されない限り、代わりの水を供給できないということだ。圧力容器内の圧力を下げる必要が出てくる場合も考え、圧力容器から格納容器内へ圧力を逃がす安全弁と、格納容器から外気中に排気（ベント）を行う排気装置を設置していたが、このバルブを動かすには電力が必要だった。

一方、残酷な皮肉だが、太平洋から目と鼻の先にあった三基の原子炉は、冷却水がないためにメルトダウンの危機に瀕していた。原子炉が過熱してメルトダウンし、燃料溶解に伴って大量の水素が発生する危険を防ぐため、格納容器には水素を除去する装置が備えられていた。過熱が始まるより先に内部の空気を窒素に入れ替えるシステムで、損傷した炉心から放出された水素は窒素と混ざるはずだった。酸素がなければ、爆発が起こることはない。しかし、事故によって格納容器内部の圧力が非常に高まり、窒素で満たされていない外側の原子炉建屋に水素が漏れてしまった。格納容器内部には運転員が内部の水素と酸素量を監視できる計器があり、必要であれば格納容器からベントすることもできた。しかし、原子炉建屋内には水素と酸素の濃度を監視する計器がなかった。水素ガスは格納容器から周囲の原子炉建屋に逃げ、その結果、三つの原子炉建屋で爆発が起こった。

以上の予測を考え合わせると、福島第一について驚くべきたったひとつの事実は、段階的な危機管理がまったく講じられなかったことだ。**災害の何年も前から危険信号は灯っていたのだ。**

三基の原子炉のメルトダウンのせいで、何万人もの人々が自宅からの避難を余儀なくされ、すぐには帰れそうにない。日本経済研究センターによる二〇一一年七月の査定では、福島第一の災害による損害は五兆七〇〇〇億～二〇兆円の間になる。これには福島第一の二〇キロ圏内に家があった住民から汚染された土地を買いあげる四兆三〇〇〇億円と、住民に対する賠償金の六三〇〇億円も含まれる。実際の金額がこの五兆七〇〇〇億～二〇兆円の最低ラインになるにしても、何年も前に用心深く安全対策に投資したほうがずっと安あがりだったはずだ。

電力網が地震に耐えられるように強化されていれば、電力供給が止まることがなく、この災害は防げたはずだ。電力が供給されれば、既設の機器を使うこともできた。防波堤が津波を上回る位置まで築かれていれば、保安機器が水浸しになることはなく、通常の電力、バックアップ電力、バックアップのバックアップ電力によって、この惨事は防ぐことができたはずだ。ディーゼル発電機とそのケーブルがさまざまな高さに設置されていて、冷却水を必要としない空冷式の発電機があれば、いくばくかの機器は機能を失わず、災害を防いでいたはずだ。バッテリーの一部でも津波被害に遭わない位置にあり、八時間以上耐えられたなら、悲劇は避けられたはずだ。原子炉に圧力容器内部の圧力を下げる装置が備わっていれば、ディーゼル発電で消防ポンプが作動し、災禍を逃れられたはずだ。万策尽きたところでなお、運転員に実行可能なプランが与えられていたら……。

これらすべての方策にはおそらく五兆七〇〇〇億円以上かかるだろうが、すべてを行う必要はなかったし、いちばん高価なものである必要もなかった。**こうした改善のうちのひとつに――しかも、いちばん安いものに――金を払えばよかっただけだ。予見できる危機に対し何もしなかったのは無責任だし、そんな決定をした者には投獄がふさわしい。**

福島第一の悲劇の要因となったすべての危機は、何年も前に予見されていた。原子力発電所は建設しても構わないし、問題なく操業できる。**福島第一のような深刻な事故がなくならないのは、原発の所有者がそんなことは起こるはずがないというふりをし続けているからだ。**未知の危機とは格闘しなければならないが、予見可能な危機に対して原発を脆弱にしていたことには何の言いわけもできない。こうした危機から原発を守る能力はあるのだから、意思を持ってその能力を使えばいいだけだ。

「福島第一には防波堤を越える津波が来る可能性がある」と研究者が結論づけたとき、東電と監査機関は検討すべきだったのだ。より高い防波堤を建設し、緊急用ディーゼル発電機の設置場所を変えて信頼できる予備電源とすることを。バッテリーは八時間しかもたない設計だったので、誰かが九時間目にはどうなるかという疑問を呈するべきだった。その答えが「製図板に戻って、奇跡を信じろ」というものだとしたら、それは間違っている。原発所有者や監査機関が予測できる危機よりも安全基準を低くしてもいいのは、「奇跡以外の何か」が救ってくれる場合だけだ。適切な疑問を呈する者が誰もいなければ、高い代償を払うことになる。

「今度は大丈夫だろう」はない

アメリカにおける原子力の安全性に、福島第一はどう影響するだろう？

原子力規制委員会（ＮＲＣ）をはじめとして、福島で起こったことはアメリカでは起こらないと主張している機関があるが、それは誤っている。福島以前に、ＮＲＣはサウスカロライナ州の原発が四メートル浸水する可能性があると知らされていた。NRC自身によるリスク分析でも、そうなった場合、三基ある原子炉のうちひとつがメルトダウンを起こす確率は一〇〇パーセントだと計算していた。この脅威については資料を隠す以外の努力はほとんどなされていない。

原子力の安全を保証するものは、防衛と奥深さ——バックアップのバックアップ——だが、深刻な事故が繰り返し起こる可能性を過小評価してはいないか。

原子力に関しては、何が起こっても不思議ではないのだ。唯一の驚きといえば、驚きが何度も訪れることだ。**今度は大丈夫だろうなどと期待して同じ愚を繰り返すなど、狂気の沙汰だ。**もちろん、そんな決断がうまくいくはずはない。**テクノロジーは無慈悲なのだ。**福島第一がより高い目標を立てていれば、こんなことにはならなかった。何万人もの罪のない人々が自分の持ち物とともに自宅に住み、誰にも邪魔されない生活を送れていたのだ。しかし、今やそうはなっていないのだから、彼らと、将来罪のない犠牲者になる可能性のある何百万人のために、予測可能な危機を防ぐため最善を尽くさなければならない。

第 4 章

国会事故
調査委員会の
調査結果

The Findings of the Diet Independent Investigation Committee

「日本国民すべての責任は、
日本のすべての原子炉を
完全に停止することだ。」
——崎山比早子 *Hisako Sakiyama*

福島第一原子力発電所の事故以前の日常は戻ってこない。国土の約一〇パーセントが原発から出た放射性物質に汚染され、一五万人以上が避難している。野菜、魚、さらには飲料水までもが汚染された。原子炉の圧力容器はすべて損壊し、放射性物質を放出し続け、1、2、3、4号機の圧力容器と冷却プールには今でも使用済み核燃料がそのままだ。水素爆発によって壊れた4号機の冷却プールには、使用済み核燃料が二〇〇トン以上収納されている。これが崩壊すれば、壊滅的な結果を招く。(二〇一四年十二月二十日共用プールへ移送終了)

日本は世界有数の地震国であり、そこには五四基の原子力発電所、使用済み核燃料が二万トン以上ある。しかし、福島原発事故が起こるまでは、日本人の大半はこの状況の危険性を認識していなかった。政府、行政、電力会社がメディアや教育システムを通して原発の安全神話を繰り返し語ってきたからだ。

原発と放射線は切っても切れない関係にある。従って文部科学省と電力会社は、国民がわずかな放射線に晒されても危険だという疑いを抱けば、原発政策の推進が困難になると認識していた。二〇一一年三月以前は、小学生向けの『わくわく原子力ランド』や中学生向けの『チャレンジ! 原子力ワールド』というタイトルの副読本を配布していた。原発は安全で、堅固な岩盤の上に建設されており、津波にも耐えられると教えるものだった。福島の事故後、これが全くの嘘だと判り、副読本は回収せざるを得なかった。

事故から七カ月後、文科省は小・中・高校生向けの新しい副読本を配布した。タイトルは『放射線について考えてみよう』『知ることから始めよう　放射線のいろいろ』『知っておきたい放射線のこと』。文科省は、これらの副読本の目的は放射線の基礎知識を授けることだと主張しているが、これらの本では、「はじめに」に福島原発で事故があり放射性物質が放出されたと書かれているだけだ。事故によって放出された放射能の種類や量については何の情報もなく、汚染地域の地図さえ載せていない。中学生用の教師向け解説書では、一〇〇ミリシーベルト未満の放射線量では病気を起こす明確な証拠がないことを生徒に理解させるよう勧めている。

しかし、低レベルの放射線でもがんの原因になることを示す証拠はある。複雑なＤＮＡ二本鎖切断は修復ミスを引き起こし、突然変異やゲノムの不安定性の原因となって、がんを誘発する。一・三ミリシーベルトという低レベルでも、二本鎖切断が起こり、切断数は線量に比例して直線的に上昇することが証明されている。

信頼性の高い疫学研究のひとつである原爆被爆者寿命調査では、八万六六一一人を追跡している。この研究によると、平均被曝量は二〇〇ミリシーベルトで、五〇ミリシーベルト未満の被曝が半数以上である。しきい値（これ以下ならリスクがゼロになるという値）は発見できていない。別の研究では低線量の被曝でもリスクがあることを示していて、そのなかには原発施設の作業員や原発周辺で白血病になった子供を対象としたものも含まれる。ここでも、放射線ががん以外の病気の原因になるという証拠があり、低線量の被曝による危険性は明らかでないという日本政府や放射線専門家の主張とは異なっている。したがって、福島県民向けに政府が決めた二〇ミリシーベルトという限度線量は、住民の健康、特に放射線の影響を受けやすい幼児や子供を危険に晒していることになる。

東京電力と電気事業連合会（電事連）の内部会議の議事録によれば、東電にとって最大のリスクは、規制が強化されることに伴う原子炉の長期停止だった。東電はこれを避けるために、原子力安全委員会と原子力安全・保安院、そして文科省専門家に規制緩和のためのロビー活動をするというもっとも安易な方法を取り、それを成功させていた。電事連も、国際放射線防護委員会（ＩＣＲＰ）や原子力安全委員会をはじめとする放射線の専門家に対するロビー活動にいそしみ、放射線防護基準の緩和に成功した。残念ながら、日本の放射線専門家の多くはみずからが属する機関の意向に従う傾向が強い。電事連の資料によれば、ＩＣＲＰの二〇〇七年勧告（※専門家の立場から放射線防護に関する基準を示した国際基準）には、電事連の要求のすべてが反映されているという。電事連が成果をあげた理由のひとつは、ＩＣＲＰのメンバーが国際会議に出席する費用を長年にわたり支出し続けていることが挙げられる。それでも日本のＩＣＲＰのメンバーは、「ＩＣＲＰは中立的立場で電力会社の利益を代表してはいない」という主張を続けている。一方で、電事連は放射線に関する研究をも監視している。規制を緩和することができる研究を推奨したいためである。

国会事故調査委員会（事故調）の調査では、福島県のほとんどの住民がヨウ素剤を摂取していなかったことも明らかになった。住民がいつヨウ素を摂取するべきか、地元の首長が勧告を受ける方法はふたつあった。原子力安全委員会から直接受け取る方法と、福島県知事から受け取る方法だ。原子力安全委員会は地元の原子力災害対策本部にファックスを送り、住民にヨウ素を摂取させるよう勧めたが、そのファックスは首長には届かなかった。ファックスは消えてしまい、現在にいたるまでどこに行ったのか誰にもわかっていない。原子力安全委員会は福島県庁にもファックスしたが、三月一八日まで誰もそのファックスに気づかず、そのときにはもう住民はすべて避難していた。福島県知事は住民に対し、自主的にヨウ素を摂取するよう勧告すべきだったが、原子力安全委員会からの指示を待っていたためにそれをしなかった。県内には勧告した首長もいたが、多くの首長がためらい、沈黙した。情報が行きわたっていなかっただけではない。専門的な医学的助言も得られないなか、副作用があるという原子力安全委員会の警告を多くの首長が恐れたからだ。錠剤は各戸には配布されず、合計約一万人の住民しかヨウ素剤を摂取しなかった。

調査から浮上したもうひとつの問題は、「緊急被曝医療体制」に関するものだ。事故が起こって放射線に被曝した際の医療の提供と、異常な放射線状況に晒された人々の命と健康を守るために構築された。「緊急被曝医療体制」は一次、二次、三次被曝医療機関の三段階に分かれている。被曝の状況によって一次医療機関で治療できない場合、患者は二次医療機関に廻される。ここで体内汚染が測定され、必要な処置がとられるが、被曝が多すぎるなどここでも処置できないと判断された場合は三次医療機関に移送される。三次医療機関は二カ所しかなく、西日本は広島大学、東日本は放射線医学総合研究所である。

このネットワークでは大規模な放射性物質拡散の可能性が考慮されていなかった。事故当時、福島県には六カ所の一次緊急被曝医療機関があり、そのうちの三カ所は原発から一〇キロ圏内にあった。この三カ所の病院は、スタッフと患者も避難を余儀なくされたために使用できなかった。同じ圏内に四カ所あった他の普通病院のスタッフと患者も避難させられ、避難中に六〇人の患者が死亡した。事故調の調べで、全国にある五九カ所の一次緊急被曝医療機関の五〇パーセント以上が原発から二〇キロ圏内にあることがわかった。つまり、避難区域になる可能性が高いということだ。さらに、一次あるいは二次医療機関に入院できる患者の数は最大でもひとりかふたりで、三次病院でも重症患者を一〇人以上は受け入れられないことが判明した。この状況は福島事故後でも大きく変わっておらず、**医療の面のみから考えても、日本は大規模な原子力災害には対応できない**と考えられる。

事故後まもなく、低線量被曝の長期的影響について検討するため、福島県は健康管理調査に着手した。その結果の一部が公開されている。県内の一八歳未満の子供を対象に甲状腺超音波検査が実施され、二〇一一年度には約三万八〇〇〇人が検査を受け、そのうち一八六人に五ミリ以上の結節、あるいは二〇ミリ以上の囊胞《のうほう》が見つかった。その一八六人の内三人が甲状腺がんと診断され、七人に甲状腺がんの疑いがあると診断された。県民健康管理センター長であった福島県立医大の山下俊一教授によれば、子供の甲状腺がんは通常一〇〇万人にひとりかふたり発症するということであるので、事故以来甲状腺がんが増加していると思われる。

低線量被曝のリスクについての果てしない議論は科学の問題ではなく、政治、経済、社会的問題だ。科学者の仕事は科学的事実を伝えることであり、政府や電力会社の代弁者になってはならない。**福島の三基の原子炉は溶融し、いつ、どのような方法で環境から隔離することができるのか誰にもわからない。**日本が地震国であるのは間違いないのだから、原子炉の完全閉鎖は時間との戦いになる。日本政府と電力会社は現在進行中の放射線物質の拡散を止めることを最優先課題にすべきである。そもそも彼らが安全、安心といって原子力政策を推進してきたのだから、それが彼らの責任である。そして、**日本国民すべての責任は、日本のすべての原子炉を完全に停止することだ。**二〇一三年九月以降、ひとつの原発も稼働しておらず、電力不足も起こっていないのだから、どんな原発であれ再稼働させるべき理由はない。

第　5　章

放射性セシウムに汚染された日本

The Contamination of Japan with Radioactive Cesium

「原子力発電所では、
人類の三〇〇〇世代先まで残る、
毒の遺産が作られているのだ。」
——スティーヴン・スター *Steven Starr*

核技術というのは、いわば天上の技術を地上において手にしたに等しい……核反応という、天体においてのみ存在し、地上の自然のなかには実質上存在しなかった自然現象を、地上で利用することの意味は……深刻である。あらゆる生命にとって、放射能は、それに対してまったく防御の備えのない脅威であり、放射能は地上の生命の営みの原理を攪乱する異物である。私たちの地上の世界は、生物界も含めて基本的に化学物質によって構成される世界である……そしてこの循環は、基本的に化学物質の結合と分解といった化学過程の範囲で成り立っているのである……核文明は、そのように破滅の一瞬を、いつも時限爆弾のように、その胎内に宿しながら、存在している。この危機は明らかにこれまでのものとまったく異質のものではないだろうか。そして今、その時限装置がカチカチと時を刻む音が、いよいよ大きく、私たちの耳に入ってこないだろうか。

——高木仁三郎　一九八六年

福島第一原子力発電所の損壊によって、大量の高レベル放射性同位体が放出され、広く汚染された。これらの放射性核種のほとんどは半減期が短く、数日か数カ月後には自然崩壊し、消滅することになる。けれどもこの短寿命の放射性有害物質を吸いこんだり、吸収したりした不運な人々の多くは、健康に重大な問題を抱える結果になるだろう。【注１】

この災害ではまた、すぐには消滅しない放射性核種も放出された。これらは日本の環境を汚染したまま残留することになり、複雑な生態系を被曝させ負の影響を与えるだろう。なかでももっとも問題となるのがセシウム１３７【注２】だ。これが特に重要視されるのは、チェルノブイリ原子力発電所の崩壊後も環境内にとどまり続けている、もっとも大量に放出された長寿命放射性核種だからだ。

セシウム１３７は、原子力発電所の壊滅的な事故の後、降下物として広く拡散した。原子炉内の使用済み核燃料棒の内部で発生するありふれた核分裂生成物で、比較的低い温度で気体に変わるためだ。燃料棒が裂けたり発火したりするまで熱せられる事故であればなんであれ、高濃度の放射性セシウムガスが大量に放出される【注３】。発火した燃料棒は、高濃度の放射性煙霧や「ホット・パーティクル」（※主にアルファ粒子を出す放射性の微粒子。多くにプルトニウムの微粒子を指す）をも大気中に放出する。その後、風に乗って拡散していくのだ。

セシウム１３７がもっとも凝縮していくのは、地上の生態系においてである。上空から地表に「降下」し、雨となって降り注ぐ。それが水や土壌に入りこんでいくメカニズムだ【注4】。セシウムのもっともありふれた化合物には高い水溶性があるため、生物圏で簡単に移動し広がっていく。その結果、深刻に汚染された生態系で急速に偏在していく【注5】。

セシウムはカリウムと同じ第一族に属し、化学的特徴も似ている。セシウムがきわめて危険なのはそのためだ。カリウムはすべての生物にとって必須であるため、セシウムもまた、汚染物質であっても確実に摂取されることになる。セシウムは（カリウムとともに）主要栄養素として土壌に再循環されるが、この過程で土壌の表層にとどまる傾向がある【注6】。科学者たちの目下の見解は、ベラルーシ、ウクライナ、ロシア、そしてヨーロッパの多くを汚染したセシウム137が生態系から確実に消滅するまで、一八〇年から三二〇年かかるだろう、というものだ【注7】。

●強い放射能を持つ核分裂生成物と天然の放射性核種

セシウム137やストロンチウム90など、原子力発電所や核兵器から生み出される核分裂生成物は、人類という種にとって未知の存在だ。これらの放射性核種は複雑な生命体が進化を遂げていく間、地球上で容易に感知できるいかなる量も存在しなかった。我々の五感でとらえることはできないが、我々になじみのあるいかなる毒物よりもはるかに強い毒性を持つ。人間の認識や理解が及ばない低い濃度で、がん、白血病、遺伝子の突然変異、先天性欠損症、奇形、流産をもたらす。原子、あるいは分子のレベルで致死性があるのだ。

これらの放射性核種が放つ放射線は人間の目には見えないエネルギーを持っているため、火になぞらえることができよう。放射線は人間の組織を焼き、破壊する。けれども化石燃料の火とは違って、放射線は消すことができない。単一原子の崩壊によって生じる現象だからだ。

放射能というのは、ある一定の時間に、どれほど多くの放射性原子が崩壊するかを示す術語だ。我々は放射能が崩壊する割合とそれが生み出すエネルギー量によって、放射能の強さを測定する。一ベクレルは一個の原子が一秒間に崩壊（変換）する際の放射能の強さに等しい。一キュリーは三七〇億ベクレルに相当し、一秒間に三七〇億個の割合で崩壊する放射性物質の量と定義される【注８】。

これら人類が作りあげた放射能核種が、バナナやその他の果物に含まれるカリウム40のような天然の放射性核種と比較されることがある。しかし天然の長寿命放射性物質のほとんどは通常地殻に存在し、その放射性は非常に低いため、このような比較自体が間違っている【注9】。カリウム40の放射能は一グラムあたり一〇〇〇万分の七一キュリーしかないが、セシウム137は一グラムあたり八八キュリー、ストロンチウム90は一グラムあたり一四〇キュリーの放射能を持つ【注10】。言い換えるなら、セシウム137はカリウム40の約一二〇〇万倍の放射能を持つのだ。原子爆弾とダイナマイト一本を比較しているようなものだ。

現在の放射線被曝量の安全基準は、体内で受ける電離放射線の総量を、一年間に「預託（換算）」して線量を計算する数値モデルを使用している。これらの数値モデルはある器官ないしは組織に作用する電離放射線量を、器官系、あるいは組織全体に作用したとみなして平均化する。この手法は基本的に放射線源の強さを無視、あるいは考えに入れない代わりに、組織が受ける放射線の総量に焦点をあてている【注11】。つまりこの数値モデルは、広く拡散している天然の放射線が与える影響と、高度に濃縮された放射能源が与える影響を、放出されるエネルギー総量が同一である限り同じと見なすのだ。もし大きなバケツに入った温かいお湯と、燃えている石炭の小さな塊のエネルギー総量が同じなら、温かいお湯を飲むことには、石炭を飲み下すのと同じ生物的影響があるのだろうか？

天然の放射性核種

バナナの中のカリウム40（K-40）

カリウム40の放射能の性質							
同位体	半減期（年）	天然存在度（%）	比放射能（Ci/g）	崩壊様式	放射エネルギー		
					アルファ	ベータ	ガンマ
K-40	13億	0.012	0.0000071	β、EC	K-40	0.52	0.16

放射能の特性を表にしたもの、アルゴンヌ国立研究所の承諾を得て転載

比放射能* ＝ カリウム40の放射能

1グラムあたり0.0000071キュリー（Ci/g）　　1グラムあたり1000万分の71キュリー

＊比放射能とは、放射性核種の単位質量あたり放射能の強さを表す。

表5.1　放射能が弱い天然の放射性核種

●セシウム137の毒性

一平方キロあたりに堆積するセシウム137の量によって、放射線量が高すぎてそこで働いたり住んだりできないと分類される区域の程度が定義される。セシウム137の強烈な毒性を理解するには、広大な区域を一〇〇年以上居住不可能にするのに必要な量がいかに少なくてすむか考えてみればよい。

チェルノブイリ原子力発電所の損傷によってひどく汚染された大地は、一平方キロあたりの放射線量のキュリー数によって分類される。セシウム137によって一五キュリー以上のレベルまで汚染された区域には、放射線量を厳格にコントロールするための計測が課された。こうした区域は広く、一万平方キロに及ぶ。これはニュージャージー州のほぼ半分の面積にあたる【注12】。

損壊したチェルノブイリ原子炉周辺の、二八五〇平方キロに及ぶ居住禁止区域には、一平方キロあたり四〇キュリーを超える放射能がある。一グラムのセシウム137の放射能が八八キュリーであることをもう一度考えてみてほしい。これが意味するのは、一平方キロの区域に煙やガスの形で均等に分散された、一グラムの半分の量のセシウム137で、その区域を居住禁止にできる、ということだ。二グラムに満たないセシウム１３７――アメリカの一〇セント硬貨よりも軽い――を放射性ガスや煙霧にして、四平方キロの土地に均等に散布できるなら、そこは居住禁止区域となり、一〇〇年から二〇〇年の間、人が住めなくなるだろう。たとえば約三・四平方キロあるニューヨークのセントラルパークを、二グラムに満たないセシウム１３７で、一〇〇年以上居住不能にできるのだ。

にわかには信じがたい話だって？　しかし思い出していただきたい。これらの核毒物は原子レベルで致死をもたらすのだ。一グラムのセシウム１３７のなかには、おおまかに言って、世界中の砂浜の砂粒の数に等しい原子がある（四・三九×一〇の二一乗個）。もし一グラムのセシウム１３７が均等に一平方キロの土地に散らばるとすると、一平方メートルあたり、約四四〇〇兆個（四・四×一〇の一五乗個）の原子がある。損傷した原子炉中の燃料棒から放出されたばかりのセシウム１３７であれば、一平方メートルで一秒間につき約三二〇万個の原子が崩壊していることになる。一秒で崩壊する放射性元素の原子の数はセシウム１３７が自然崩壊するに従いゆっくりと減少していく。

表５・２は、インディアン・ポイント原子力発電所にある使用済み核燃料のなかに、およそ一億五〇〇〇万キュリーにのぼる膨大なセシウム１３７が貯蔵されていることを示し

インディアン・ポイントの
使用済み核燃料内に
1億5000万キュリー存在するセシウム137

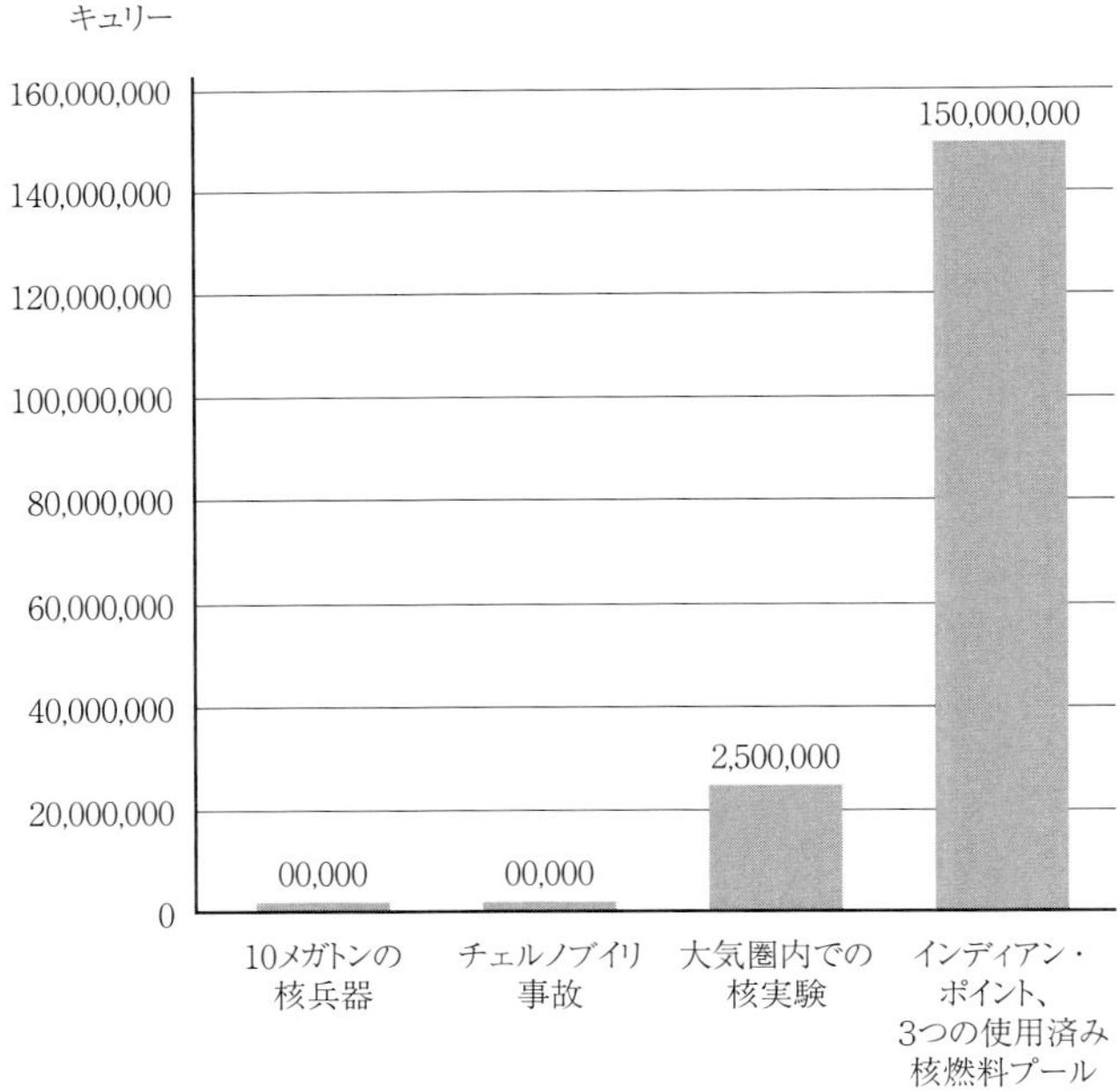

出典：アメリカ疾病管理予防センター「マーシャル諸島におけるセシウム137降下沈着パターンの再構成および分析」、200／アメリカ放射線防護測定委員会「環境中のセシウム137」、報告書第154、2007年9月、表3.1／原子力エネルギー協会「アメリカ原子炉での使用済み核燃料」、2011年12月／アメリカ原子力規制委員会「代表的な商用炉における通常運転終了前の使用済み核燃料集合体の特徴」、2007年5月、表16

表5.2

ている。この原子力発電所はニューヨーク市から七五キロしか離れておらず、放射能の雲（プルーム）が到達する場所にある。一〇四基あるアメリカの商業用原子力発電所の多くはその使用済み核燃料プールに一億キュリーを超えるセシウム１３７をためこんでいる。一億五〇〇〇万キュリーのセシウム１３７とは、約一・七トンにもなる。

●本州におけるセシウム１３７の汚染の広がり

二〇一一年三月一一日に発生した地震と津波の後、数日間で福島第一原子力発電所の１号機、２号機、３号機のすべてがメルトダウン（炉心溶融）を起こし、鋼鉄の圧力容器がメルトスルー（溶融貫通）していたことは今では広く知られている。この事実が東京電力や日本政府によって公表されたのは二〇一一年五月で、発生後二カ月以上経過していた。その二カ月の間、東京電力は原子炉の「メルトダウンを阻止しようと」していると繰り返し言い続け、それを日本政府は否定しなかった【注13】。

高い放射能を帯びた大量のガスや煙霧がメルトダウン直後に放出された。原子炉から最初に出た放射性物質のおよそ八〇パーセントは日本の上空から太平洋へ飛び去ったと思われるが、残りの二〇パーセントは日本の本州にまき散らされた。

三月一一日、アメリカ国家核安全保障局（ＮＮＳＡ）は航空計測システムＮＡ―42の提供を日本政府に申し出た。ローレンス・リバモア国立研究所の国立大気放出勧告センター（ＮＡＲＡＣ）も、大気モデリング投影図の提供のため動き出した。アメリカ政府の技術協力のおかげで、ローレンス・リバモアでは損傷した原子炉から生じた放射性プルームの詳細でタイムリーな予測が可能となり、これらを日本政府は受け入れたと思われる。

ローレンス・リバモアの科学者たちは、二〇一一年三月一四日、明瞭な画像を含むコンピューターモデルのパワーポイントを公表した。高い放射能を帯びた放射性プルームが福島から南の首都圏へと流れている。放射性プルームが通り過ぎたすべての地域が汚染されたが、もっとも深刻な汚染は、雨が降った首都圏の外側で沈着した【注14】。

災害から八カ月後、文部科学省は降下物を詳細に示したマップを発表したが、それによると、三万平方キロ――本州面積の一三パーセントに相当――がセシウム１３７に汚染されたことが明らかになった。公式のマップではセシウム１３７による首都圏汚染はまったく示されず、ほぼ同じ時期に群馬大学の早川由紀夫教授が行った非公式調査とは異なっている。日本政府と東京電力が、福島ではいかなるメルトダウンも起こっていないと二カ月も否定してきた事実を考慮すれば、誰しもすべての公式データをある程度懐疑的に見る必要がある。

一万一五〇〇平方キロ――ほぼコネチカット州全体に相当――が、年間一ミリシーベルトという以前の被曝許容量を超えていたことは、公式なデータで認められている【注15】。日本政府はこの区域から避難させるのではなく、被曝許容量を年間一ミリシーベルトから二〇ミリシーベルトへと、二〇倍に引きあげることを選んだ。

日本政府はこの広大な汚染区域からの避難を避けたが、損傷した福島の原子炉に隣接する五一二平方キロに及ぶ地域は、人が住めない地域に指定されるほど汚染が深刻だった。一六万人以上の人々がまず、二〇一一年五月に、放射能が強いこの「立ち入り禁止区域」から追われた【注16】（※警戒区域の設定は四月二二日）。同年一〇月の時点で、およそ八万三〇〇〇人の人々が住む家もなく、財産も仕事も失ったままの状態で、その多くがわずかな賠償金を受け取って、避難民として生活する費用の足しにしている【注17】。

●電離放射線によって増大する外部被曝、内部被曝に起因する健康リスク

「一年間に二〇ミリシーベルトまで放射能を浴びてもよい」とされた日本人にとって、上昇した健康リスクとは何だろうか？　核資料情報サービス（ＮＩＲＳ）および社会的責任

を果たすための医師団（ＰＳＲ）によると、年間二〇ミリシーベルトというのは、一年間で胸部Ｘ線をおよそ一〇〇〇回、言い換えれば毎日胸部Ｘ線を三回浴びる量に相当する。ＮＩＲＳもＰＳＲも、アメリカ科学アカデミーのデータをもとに、生涯に二〇ミリシーベルト以上被曝した六人のうちひとりに、がんがひとつ発生するだろうと述べている【注18】。

アメリカ科学アカデミーが発表したデータに基づいて構成された表についても検証してみよう。表５・３では、水平のＸ軸でゼロ歳から老年にいたるまでの年齢を、垂直のＹ軸で各年齢一〇万人の被験者のうちがんにかかった人数を描いている。年間二〇ミリシーベルトの線量は安全だと言われている点に注目してほしい。この線量を浴びた結果、それぞれの年齢の被験者グループ一〇万人のうち、女の乳児ががんにかかる事例は約一〇〇〇件、男の乳児ががんにかかる事例は約五〇〇件増え、三〇代男性の場合は一〇〇件以上増えることになる。

子供、とりわけ女児は放射能に起因したがんにかかるリスクがもっとも高い。実際、三〇歳男性より、女の乳児の場合は七倍、五歳の女児の場合は五倍のハイリスクだ。現在の放射能安全基準は実際のところ、二〇～三〇歳の「標準人」を安全基準のベースとして用いており、乳幼児の放射線量を過小評価している【注19】。

アメリカ科学アカデミーBEIR-Ⅶデータが示す、20ミリシーベルトの被曝によって上昇したがんリスク

20ミリシーベルトの放射線被曝によって上昇した、年齢ごとのがんリスク

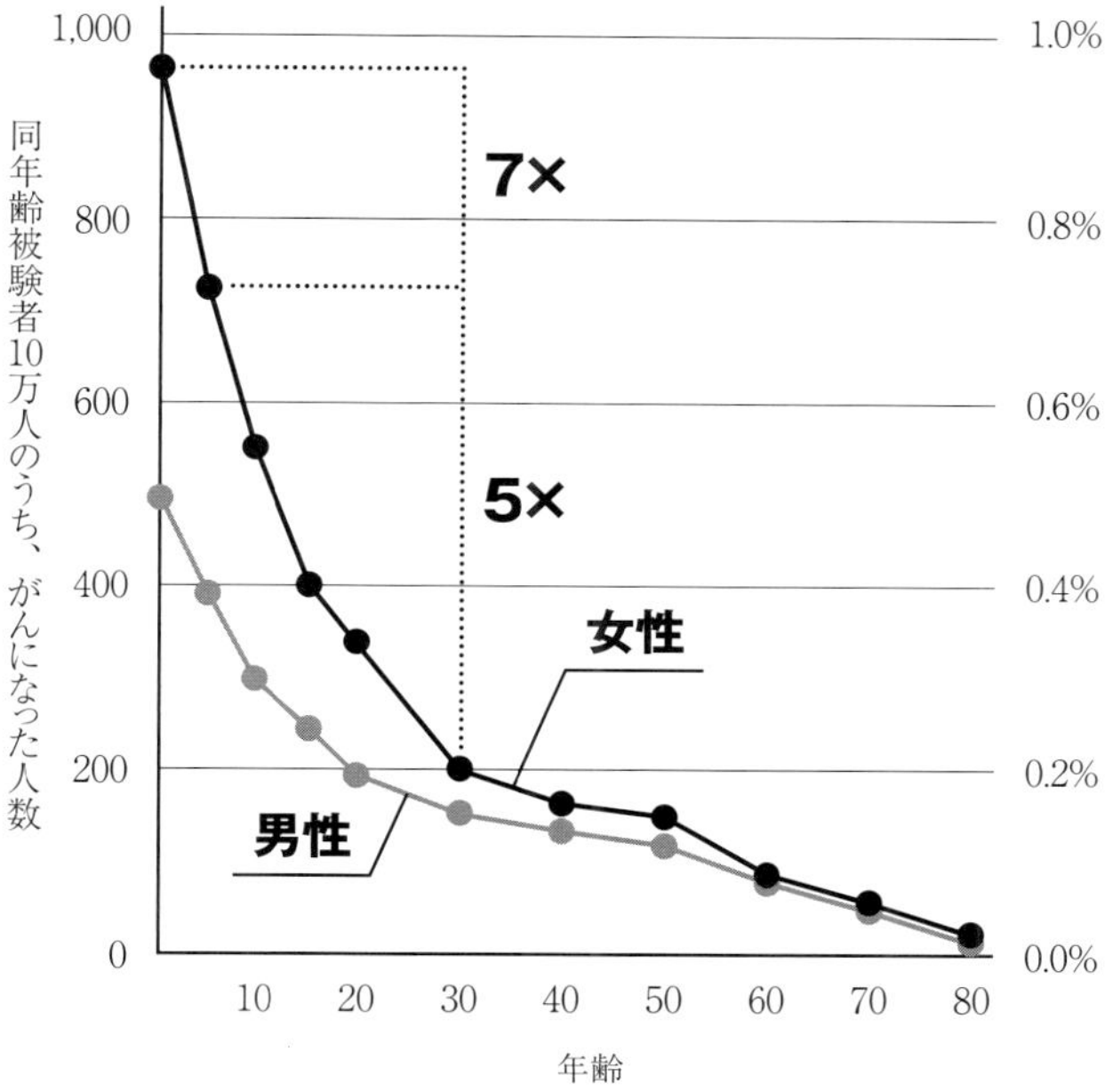

アメリカ科学アカデミーBEIR-Ⅶフェーズ2リスクモデル
グラフ、イアン・ゴッダードの承諾を得て転載

表5.3

ミリシーベルトを算出するために使われた手段の正確さについては大きな論争となっている。とりわけ、電離放射線をどこから浴びるかによって、つまり、体外で被曝する場合と、体内で消化されたり、吸いこまれたり、吸収されたりした放射性粒子のそばの細胞が長期にわたって体内被曝する際の、生物学的影響をどのように正確に決定するかについては、議論が続いている。

国際放射線防護委員会（ＩＣＲＰ）の放射線モデルを使って作成された危険因子は、主としてガンマ線を短時間に高線量、均一に外部被曝した、日本の原爆生存者の研究をもとに作り出された。ＩＣＲＰのモデルは基本的に、こうした危険因子は電離放射線を長期間に低線量、不均一に内部被曝した場合にも適用しうると想定している。さらに、ＩＣＲＰの基準は致死性のがんのリスクにのみ言及しているものの、そのなかには非致死性のがんや遺伝的影響といったその他の要因も含まれている。しかし心臓血管への影響といった、放射線に起因するがん以外の影響は含まれていない【注20】。

避難区域を決定するときに使用された基準はミリシーベルトだったが（一ミリシーベルト＝一〇〇〇分の一シーベルト）、これはキュリーやベクレルのように放射線量で測られる単位ではない。シーベルトが表しているのは、電離放射線による生物学的影響だ。測定された「吸収線量」を「実効的」で「等価」な、体内の「預託実効線量」に変換するとき用いられた数理モデルに基づき、派生した数字がシーベルトなのだ【注21】。

測定された吸収線量でさえ、ある重要な前提に基づいている。この吸収線量は身体の限定された部分、つまり臓器などひとかたまりの組織が受けるエネルギーの蓄積を平均化したもので、その組織ごとのエネルギー分布は考慮に入れていない。つまり、吸収線量の裏の意味はこういうことだ。こうして線量を平均化することで、現実的な被曝基準の適用（※基準値を引きあげること）を検討する際の強力な根拠としているのだ【注22】。これこそ、カリウム40のような弱い同位体元素が発する放射線量と、セシウム１３７のような強烈な放射性核種が放つ放射線量を同一視する考え方だ。原子や分子レベルでの生物学的作用を扱う場合、このように過度に単純化された仮定は慎むべきである。

●生物濃縮と生体内蓄積を通して増え続けるセシウム１３７の内部被曝

チェルノブイリと福島周辺の汚染された大地で内部被曝が発生する主な道筋は、セシウム１３７に汚染された食物の摂取だ。そしてセシウム１３７は動植物のなかで生物濃縮する傾向がある【注23】。セシウム１３７の生物学的半減期は一一〇日だ。つまりセシウム

137は消化されたり、吸いこまれたり、吸収されたりしてから一一〇日後に、その半分の量が体外に排泄されるということだ。他の産業毒物のように、摂取したぶんを上回るスピードで排泄することができないために蓄積していき、習慣的に摂取する動植物の汚染濃度は高くなっていく。

セシウム137は食物連鎖の階層が高まるにつれ、生物学的に濃縮していく傾向がある。つまり、捕食する側の種で次第に汚染が進行していくことを意味している。こうした性質はDDT（ジクロロジフェニルトリクロロエタン）のような産業毒物でも見られ、その濃縮は食物連鎖の底辺から頂上までで一〇〇万倍に達する。

したがって、汚染地域の食物の多くは、セシウム137を含んでいる傾向がある。マッシュルームやベリーのように、もともとカリウムを多く含むものでは高度に濃縮されていることが多い。乳製品や肉など、食物連鎖の高層に位置する動物から得られる食材にも、より高い濃縮が起こる傾向がある。

放射線の安全基準を策定するICRPは、セシウム137が人間の体内で生物蓄積するという見解を示している。ICRPが発表した表5・4は、セシウム137を一度に摂取して一〇〇〇ベクレルを一回で被曝する場合と、一〇ベクレルずつ毎日摂取する場合を比較したものだ。一度の被曝の場合、セシウム１３７の半分が一一〇日後に体の外へ排出されることに注目してほしい。

セシウム１３７を毎日一〇ベクレル摂取する場合、体内の総放射線量は五〇〇日後まで増え続け、このとき体内で測定される総放射線量は一四〇〇ベクレルを上回る。

体内のベクレル数は数えることができる。セシウム１３７は崩壊するときガンマ線を放出するが、このときガンマ線は身体をすり抜けるため、ホール・ボディ・カウンター（※体外から体内被曝を計測する装置）で測定できるのだ。体重七〇キログラムの成人の総放射線量が一四〇〇ベクレルの場合、体重一キログラムあたりの放射線量は二〇ベクレルに相当する。総放射線量が同じ場合、体重二〇キログラムの子供では一キログラムあたり七〇ベクレルになる。ＩＣＲＰはこの研究で調査した被験者の平均年齢や平均体重を明記していないが、原子力業界が定めた安全基準ではこのレベルでの、いわゆる低線量放射能の慢性的被曝が人間の健康にとって非常に危険であるとは考えられていない。

ＩＣＲＰはこの論文のなかで、全身で一四〇〇ベクレルの放射線量は、年間で〇・一ミリシーベルトの被曝に相当すると述べている。このレベルでの体内吸収線量をミリシーベルトに変換するために放射線保健物理学者が用いるＩＣＲＰの放射能モデルでは、このよ

セシウム137の慢性被曝に関する国際放射線防護委員会のデータ

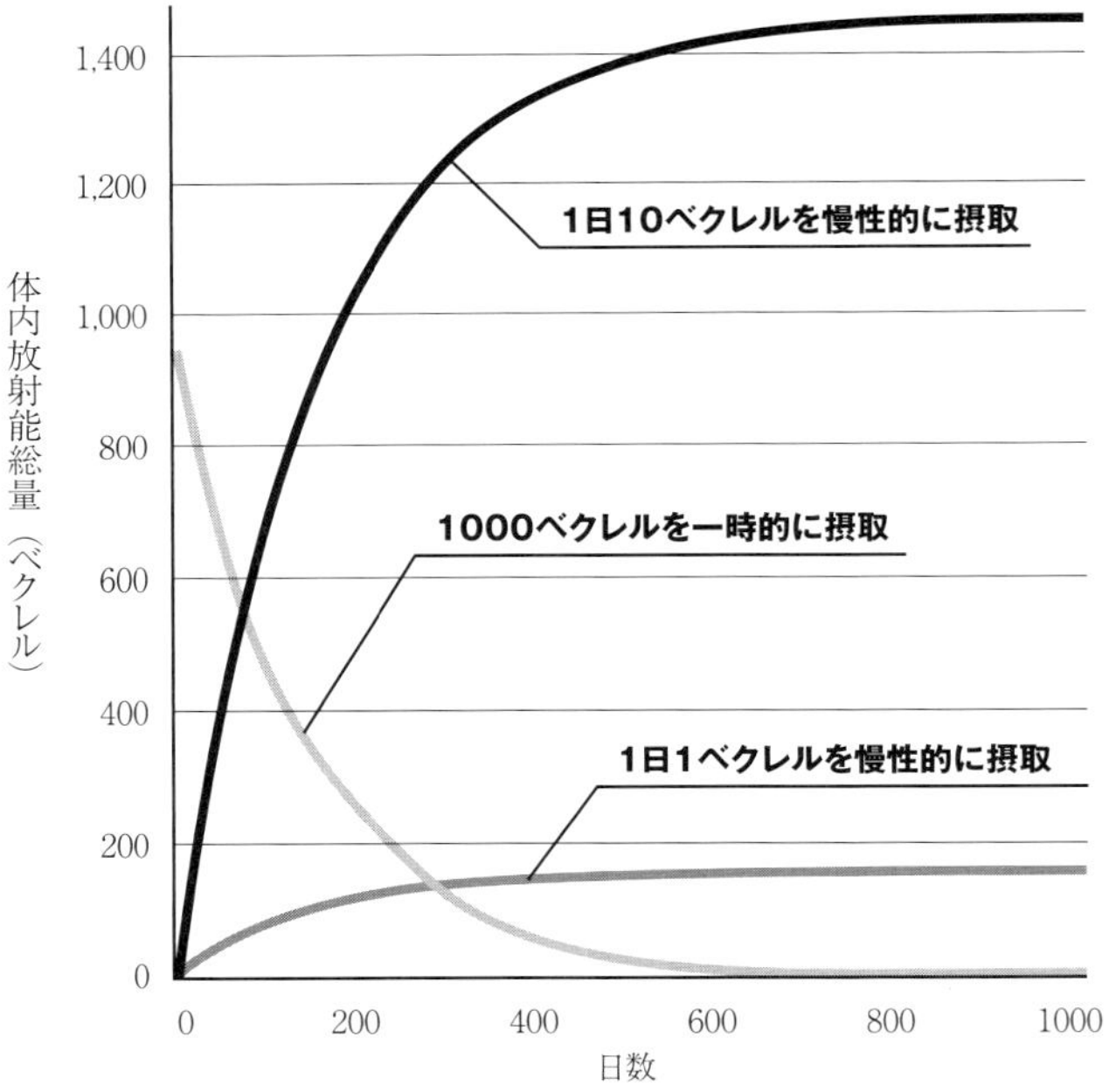

1日10ベクレルを500日間摂取＝体内放射能総量1400ベクレル

出典：国際放射線防護委員会、2009年、「原子力事故あるいは放射能の非常事態発生後、長期間汚染地域に居住する人々の防護を推奨する委員会による申請書」、ICRP勧告111、Ann. ICRP 39（3）

表5.4

うな低線量被曝による深刻な健康リスクを想定していない。このレベルの被曝であればその一〇倍まで安全だ、と予測しているのだ【注24】。

●セシウム137の人体での生物蓄積

しかし、このレベルの「低線量」放射能を取りこむことは、とりわけ乳幼児にとって有害だという揺るぎない証拠が実は存在する。ユーリ・バンダジェフスキー博士と彼の同僚や学生たちが一九九一年から一九九九年までベラルーシで行った研究は、体重一キログラムあたり一〇ベクレルから三〇ベクレルの放射線の全身被曝と心拍パターン異常との相関関係を明らかにした。同様に、体重一キログラムあたり五〇ベクレルのレベルの放射線を浴びると、心臓やその他の重要な臓器組織への不可逆的損傷が発生しやすくなる。彼らの発見は二〇〇三年、スイスの医学雑誌で初めて発表された。

バンダジェフスキー博士の鍵となる発見のひとつは、セシウム137がすい臓や肝臓、腸ばかりでなく、内分泌腺や心臓組織でも生物濃縮することだった。この発見は、体内被曝量からミリシーベルトを計算するときに現在使われている根本的な仮定のひとつ――セシウム137は人体組織に「均一に分散」される――に反するものだ。

「小児の臓器におけるセシウム137の長期的な取りこみ」【注25】において、博士は六人の（検死解剖された）乳児の一三個の臓器内で測定された放射能を比較している。非常に高い――他の臓器や組織の二〇倍から四〇倍というレベルの――放射能が、すい臓、甲状腺、副腎、胸腺、心臓、そして腸壁で発見された。

博士は九年間の研究を論文「放射性セシウムと心臓」にまとめた。正式な翻訳や出版はなされなかったが、その理由の大部分は、彼がベラルーシ議会でその内容を発表してまもなく逮捕され、収賄容疑で収監されたことにあった。確たる証拠はしかし、今も明らかになっていない。政府当局は博士が学長を務めていたゴメリ医科大学へおもむき、九年間の研究で積みあげたアーカイブやサンプルを破壊した。博士とこの研究にかかわっていたすべてのスタッフは事実上解雇され、なかには起訴された者もいた。博士に代わって新しい学長が送りこまれ、新しい学長は博士の仕事を糾弾した。

博士は刑務所から釈放された後も自宅に軟禁された。自分の研究成果を守るため「放射性セシウムと心臓」を書きあげたのがこの時期だった。おそらくそう遠くないうちに、再び非常に長い期間、刑務所に収監されることがわかっていたのだ。その後博士は四年以上の間政治犯収容所で過ごし、拷問にかけられた【注26】。ソ連の医師たちがチェルノブイリの事故の後、放射能に起因する病気の診断を禁じられていたように、博士の研究もベラルーシ政府によって握りつぶされようとしたのだ。セシウム１３７に深刻に汚染された土地に民衆をとどまらせ、再び定住させようという政府の活動に博士が抗議していたからだ（ベラルーシの国土の二三パーセントがチェルノブイリの降下物によって汚染されていた）。

「放射性セシウムと心臓」のなかで、博士は子供たちの体内のセシウム１３７の量と、心臓機能との相関関係も明らかにした。博士は、ベルラド放射能安全研究所と共同で、ベラルーシの子供たちに一二万五〇〇〇回以上の全身計測を実施し、ひとりひとりが体内に摂取したセシウム１３７の量を測定した。一九九六年から一九九九年までのこういった医療検査で、体重一キログラムあたり五〇ベクレルを超えるセシウム１３７が蓄積されているレベルでは、心臓血管系、神経系、内分泌系、免疫系、生殖系、消化器系、排泄系で病的な変化がほぼ認められている【注27】。

ベラルーシでは非常にたくさんの子供たちが放射能の影響を受けているので、セシウム１３７が生物蓄積されていない子供を見つけることが難しかった。これは一般的な食材がいかに汚染され始めているかを示している。表５・５が明らかにしているのは、体重一キログラムあたり一〇ベクレル以下の子供たちだけ、心電図（ＥＣＧｓ）が正常だった、ということだ。体重一キログラムあたり一一ベクレルから三七ベクレルの場合は、その三五パーセントの心電図が正常だった。三七ベクレルから七四ベクレルのときは二〇パーセント、七四ベクレルから一〇〇ベクレルの場合はわずか一一パーセントのみが正常だった。

表5・6が明らかにしているのは、一九九七年の一年間に行われた一〇〇人の検死解剖の結果の平均値で、論文「放射性セシウムと心臓」から引用している。セシウム137が非常に高い濃度で甲状腺に濃縮していることに注意してもらいたい。我々が甲状腺に濃縮する放射性ヨウ素について憂慮している間に、博士の研究はセシウム137が甲状腺がんで主要な役割を演じているらしいということをつきとめた。

現在受け入れられているセシウム137に関する医学的および法的理解は、セシウム137が人体組織に「ほぼ均一に分散されて」いる、というものであることを再度指摘したい。博士の分析による検死解剖された人体組織のサンプルは明らかに、この事例にあてはまらないことを示している。人体に取りこまれた放射性核種がどのような挙動を示すのか理解していく道筋において、この新しい見解を織りこんでいく必要がある。

ベラルーシでは二〇〇万人の人々が、セシウム137に深刻に汚染された大地に住んでいる。この汚染された土地に住んでいるベラルーシの子供たちのうち、健康だと思われる

体内の放射性セシウム量と心電図に変化のなかった子供たちの数の割合

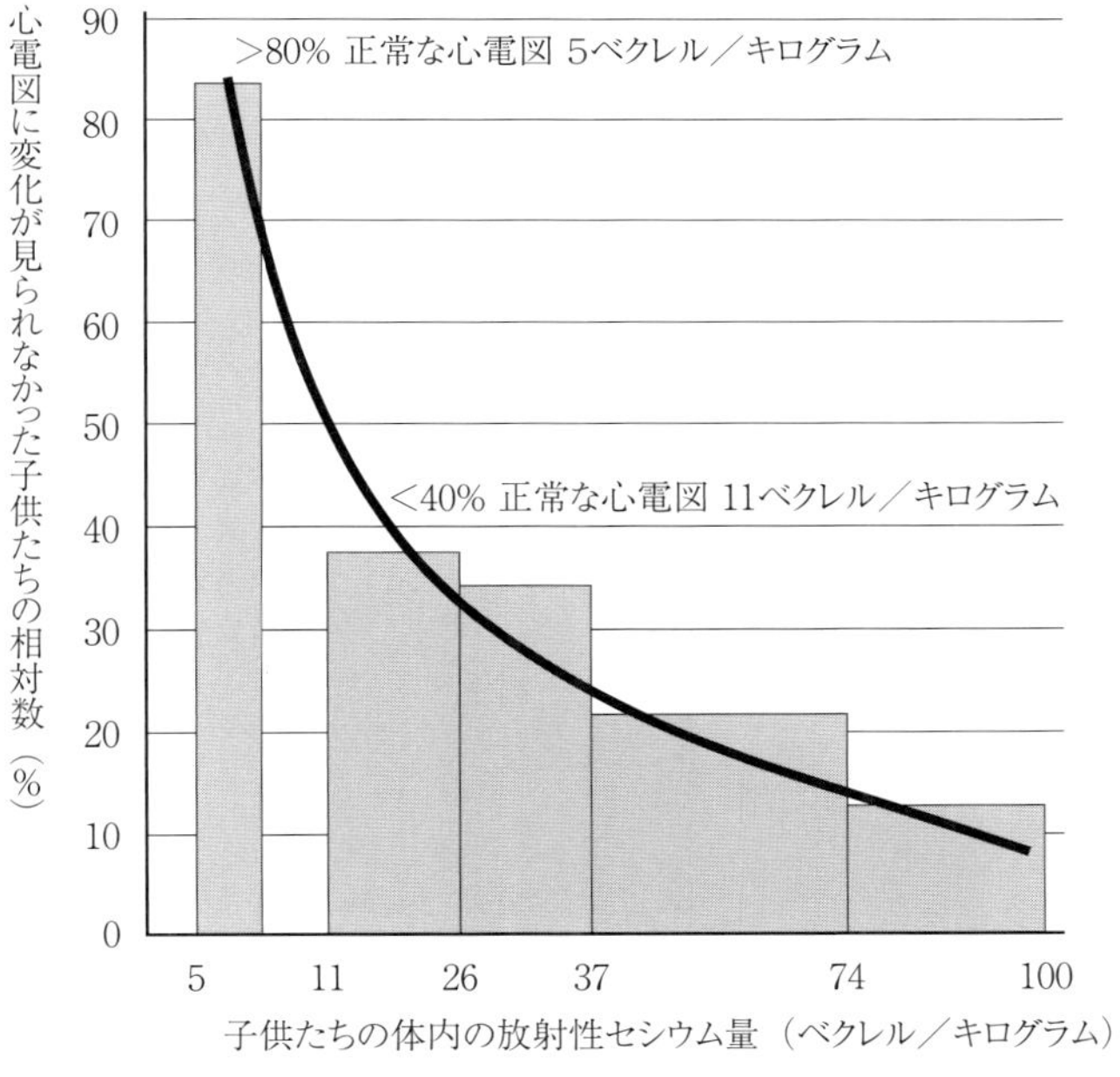

出典：ユーリ・バンダジェフスキー博士「放射性セシウムと心臓」

表5.5　体重1キログラムあたり11ベクレル以上のセシウム137を浴びた子供たちに見られる心電図の異常

1997年に死亡した成人と子供の臓器内に蓄積した放射能核種

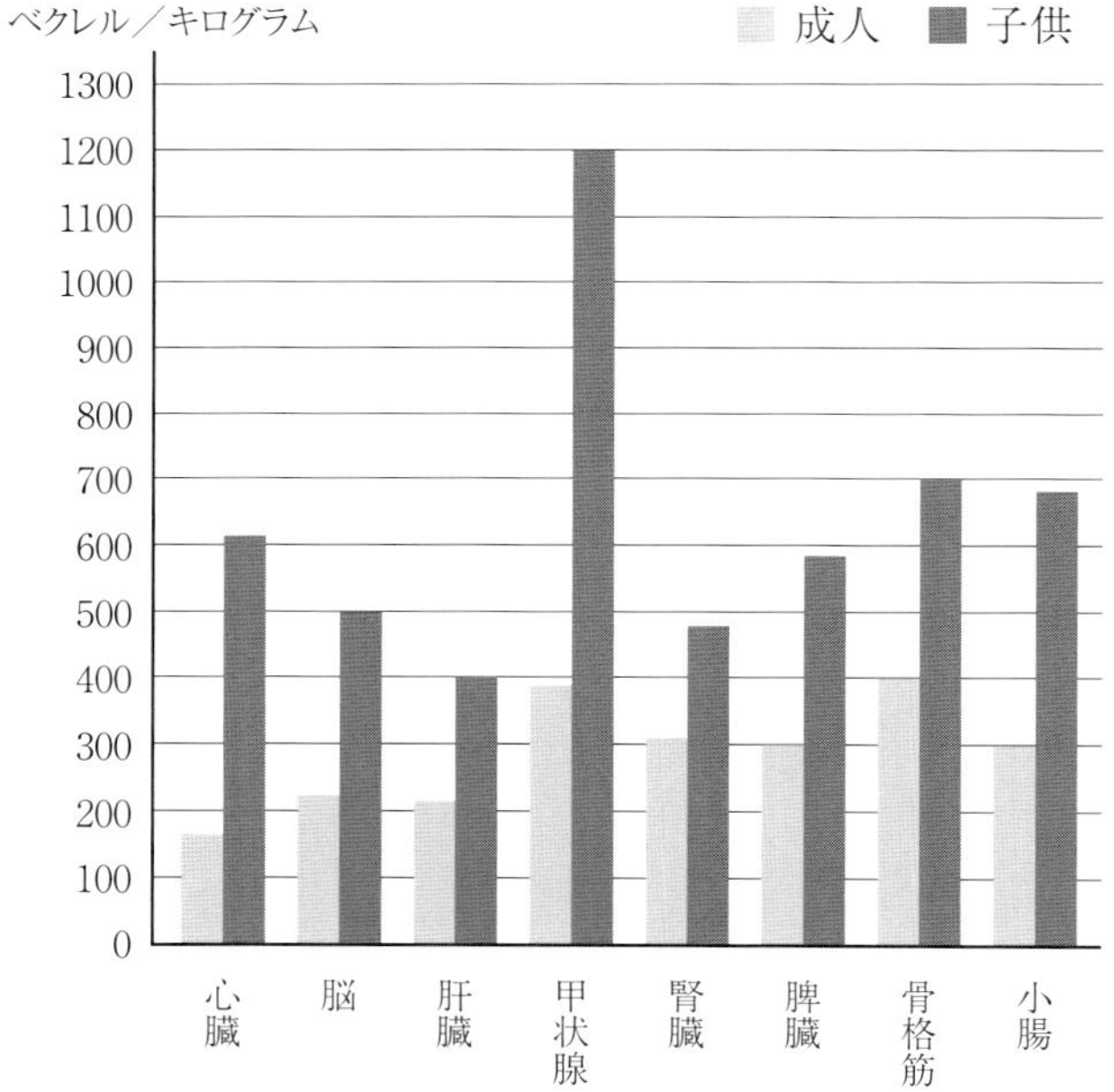

1日10ベクレルを500日間摂取＝体内放射能総量1400ベクレル

出典：ユーリ・バンダジェフスキー博士「放射性セシウムと心臓」

表5.6　検死解剖した人体組織におけるセシウム137の生物蓄積

のは二〇パーセントに満たないが、一九八六年にチェルノブイリ原子力発電所で爆発が起こる前は、八五パーセントから九〇パーセントは健康だと思われていた【注28】。事故から一四年後、高校を卒業した子供たちの四五～四七パーセントが胃腸の異常、心臓の衰え、白内障を含む身体の不調を訴え、四〇パーセントが慢性的な「血液疾患」および甲状腺の機能不良と診断された【注29】。ベラルーシにおける死亡率は一九八六年以降劇的に上昇した一方、出生率は落ちこんだ。

チェルノブイリの災害から二五年が経過し、ウクライナの汚染地域もまた同様の結果に苦しんでいる。ウクライナ国家放射線防護委員会の副委員長、ニコライ・オメリヤニェッツ博士は、ウクライナの人々の平均余命は減少しており、人口は七〇〇万人減少したと述べた。二〇〇六年のインタビューで、博士は次のように語った。「事故後の慢性的な放射能被曝によって、乳児死亡率が二〇パーセントから三〇パーセントに上がったことがわかりました……この事実は国際原子力機関（ＩＡＥＡ）からも世界保健機関（ＷＨＯ）からも無視されています。どちらの組織にも昨年の三月、そして六月にも情報を伝えました。受けつけなかった理由は明らかにされませんでしたが【注30】」

ウクライナ放射線医学研究センターのエフゲーニャ・ステパノワ博士は二〇〇六年、次のように述べた。「私たちはWHOのデータに記録されていない甲状腺がん、白血病、そして遺伝子の突然変異の数々に圧倒されています。二〇年前にはまったく知られていなかったことです【注31】」。二〇一一年には、ウクライナの汚染された地域で健康と考えられている子供はわずか五〜一〇パーセントにすぎず、一方ほとんどの子供がさまざまな慢性疾患を抱えていると説明している。

●人間の健康に及ぼす影響

損壊した福島第一で高レベルの放射能を浴びた作業員たちは、重い病気にかかると思われる。チェルノブイリを制御し、除染するために働いた八三万人の事故処理作業員、「リクビダートル」たちの九〇パーセントがそうなったように。ロシア政府が発表した数字によると、少なくとも七四万人のリクビダートルが病気になった。彼らの老化は早く、平均を上回る人数がさまざまな形態のがんや白血病になり、身体的、神経的、精神的な病気にかかった。彼らの大部分は白内障になった。がんは発症するまで長い潜伏期間があるため、これからの数年間、彼らの間でがんになる人の数は著しく増えることだろう。独立機関による研究では、二〇〇五年までに、一一万二〇〇〇人から一二万五〇〇〇人のリクビダートルが死亡すると想定されている【注32】。

原子放射線の影響に関する国連科学委員会（UNSCEAR）によると、あの災害の後チェルノブイリ一帯で、一万二〇〇〇人から八万三〇〇〇人の子供たちが先天性奇形で生まれてきた。第一世代で見られるのは、予想される障害全体の一〇パーセントにすぎない【注33】。二〇一二年四月と五月、福島県に隣接し、汚染のひどかった四つの県――宮城、群馬、栃木、茨城――で、死産および乳児死亡率の著しい上昇（五一パーセント）が見られた。

放射性セシウムに深刻に汚染された土地に、今なお多くの日本人が生活している。この地で現在も食材が摘み取られ、育てられている。太平洋へ大量に放出され続ける放射性物質もまた、日本人の伝統的料理の食材となる海産物を広く汚染している。汚染された食材を日常的に摂取する、汚染地域に住む日本の子供たちは、同じようにセシウム137で汚染された大地に住むベラルーシやウクライナの乳児、児童、そしてティーンエイジャーたちに顕著な、似たようなタイプの健康問題を抱えるリスクに晒されている。

汚染された食材を日常的に摂取することによって、子供たちが危険に晒されている。そうした認識が絶対に必要だ。このことは現在使用されている、原子力産業が定めた放射能

「安全」基準、電離放射線を慢性的に体内で浴びることでもたらされる重大な健康被害をまったく想定していない基準の改訂あるいは入れ替えを求めることになる。健康への危険性はベラルーシ、ウクライナ、そしてロシアの子供たちの多くが病気になったことで示された。この点を踏まえた、新しい安全基準が求められている。この子供たちはいわゆる低線量放射線で「汚染された」食材を摂取して生きていかなければならないからである。

くわえて、この途方もなく毒性が強い核の毒物を地球の生態系に放出する原子力災害をこれ以上起こさないことも必須である。すべての原子力発電所に保管されている、「使用済み」核燃料のなかに今も存在する膨大な量の長寿命放射性核種を考えれば、これは緊急の課題である。

原子力発電所によって生み出された長寿命放射能核種は「安全」でも「クリーン」でもない。水を沸騰させ、その蒸気で電気を発生させるために毎年何千トンもの核の毒物を作り出すこのアイデアは失敗だったし、今も問題を起こし続けている【注34】。原子力発電所の即時停止が強く求められている。**そこでは人類の三〇〇〇世代先まで残る、毒の遺産が作られているからだ。**

さらに重要なのは、我々がすでに生み出した三〇万トン以上の高濃度核廃棄物を、安全かつ永久に生物圏から取り除く方策を全力で探し出さねばならない、という点だ。**この致命的な毒物は、少なくとも一〇万年から一〇〇万年の間、生態系から隔離されなければならない。**万が一、恒久的な封じこめに失敗し、生物圏への侵入を防ぐことができなければ、これらの核毒物はある時点から、人類とその他の多くの生物からなる複雑な生態系において、その存在をおびやかすほどの脅威となるだろう。

第 6 章

世界は福島の事故から何を学んだか？

What Did the World Learn from the Fukushima Accident?

「大惨事が目前に迫っている、
そのことを人々が理解するために、
幾万もの子供たちを
犠牲にしなければならない。」

——松村昭雄 *Akio Matsumura*

私が国連およびその他の国際機関で働くようになって、四〇年になる。一九七四年にブカレストで開催された国連人口会議を皮切りに多くの国際会議を立ちあげ、参加してきた。何年もの間、公私にわたって、人口、環境、社会経済問題、軍縮、女性と子供、そして民主主義といった、二一世紀の典型的なテーマについて議論してきた。しかし原子力発電所で発生したひとつの事故が、この先数百年もの間、いかに我々の生活に影響を及ぼすか、あるいは使用済み核燃料棒を一〇万年間保管できる永続的な核廃棄物貯蔵施設など存在しようがないことについては、議論してこなかった。

私が心配しているのは、放射能に晒され続けている子供たちが抱えるリスクが増えつつあるということだ。甲状腺がん、肺がん、乳がんになる子供たちも多いと思われる。福島第一原子力発電所からは現時点で、チェルノブイリよりも多い放射性物質が放出されており、そしてチェルノブイリでは原発事故の結果、一〇〇万人以上の人々が病気にかかって死亡した。

二〇一二年に私は二度日本を訪れ、日本の政治指導者たちに面会し、不安定な原子炉によって子供たちが甲状腺がんの危険に晒されている現状について、彼らの意見を尋ねてみた。使用済み核燃料棒について知っている人はほとんどおらず、破局が潜んでいることを認識している人も確かにいたが、その人たちですら**福島第一の4号機にはチェルノブイリの一〇倍、七〇年前広島に投下された原子爆弾の五〇〇〇倍のセシウム137があると聞いて驚いていた。**また、福島第一のすべての使用済み核燃料を集めると、チェルノブイリの八五倍、広島原爆投下時に放出された量の十万倍のセシウムを含有していると聞いて、衝撃を隠せないようだった。

　この政治家たちは、どうして東京電力から何も聞かされなかったのだろう？

二〇一二年四月、私は当時の内閣官房長官、藤村修氏と面会した。彼は私に、当時の内閣総理大臣、野田佳彦がバラク・オバマ米大統領と会談する前に、私からのメッセージを伝えようと約束してくれた。両指導者は私的な会談で福島について議論したのかもしれないが、独立した査察チームや国際的な援助という考えが公に言及されることはなかった。この判断は誤っている。政府の第一の責任は国民の安全を守ることにある。自由な立場の科学者たちとの連携を模索せず、東京電力との相談に終始した。**彼らが最小限にとどめたいのは放射性降下物《フォールアウト》ではなく、公共情報の投下《フォールアウト》なのだ。**

　どんな国であれ、災害が起こった後、政府や産業界は重要な情報を開示しないものだが、日本の指導者たちの秘密主義は度を越している。日本政府が正確な情報を共有したがらないせいで、日本の国民は事故に関する有益な情報をメディアに頼らざるを得ない。そして不運なことに、多くの日本のジャーナリストたちは、独りよがりで無知ときている。日本では福島の現実と、福島で起こっていることについて人々が思い描いているイメージが驚くほどかけ離れている。メディアはこのギャップを埋めるという任務に失敗した。数名を除いて日本の記者たちは、福島に関して調査をすることを拒み、なすべき質問を発することも拒んでいる。

これを困難にしているのは日本政府だ。いつ、どんな情報を発表するかを決めるのは東京電力なのだ。原子炉建屋をメディアに公開するのがいつで、事故のビデオフィルムを発表するのがいつで、政府が発表した医療記録の正確性が問題になるのか否か、選択肢はすべて東電が握っている。なすべき質問をする人が誰ひとりいないなか、人々は煙幕の向こうに取り残され、半分しか真実でない言葉を信ずるよう強いられる。原子力の利用をやめようという日本の人々の努力には勇気づけられるものがあるが、それは恐怖や失望や不安の表れなのだ。**安倍晋三首相は、日本の原子力エネルギーへの依存を確実なものにし、日本の原子炉を再稼働させるだろう。私が会った全政治家のうち、日本の子供たちが直面している危機と、4号機にある使用済み核燃料棒の危険性をもっとも軽んじていたのは彼だ**

った。大惨事が目前に迫っている、そのことを人々が理解するために、幾万もの子供たちを犠牲にしなければならないと思うと、私は悲しみでいっぱいになる。

ある集団が実効力のある行動を取っていないことに私は驚いている。神道と仏教は日本人の生活に影響を与え、この国の自然の美しさと資源に神聖な重要性をもたらしている。福島の事故ほど、日本の環境に脅威を与えたものはない。この国の精神的指導者たちは、いま進行している危機について、国民の関心を高めることに積極的であるべきだ。

1号機、2号機、そして3号機では完全な炉心溶融が起こった。日本政府は原子炉の格納容器の底を突き抜けて何らかの放射性物質が漏れ出た可能性を認めている。このため、予期せぬ再臨界（※核分裂が止まった未臨界の状態から、再び連鎖的な核分裂が起こる現象）、あるいは強力な水蒸気爆発を引き起こす可能性が残されている。どちらかひとつでも現実になれば、新たな放射性物質が大量に、大気中に放出されることになるだろう。

1号機と3号機のある区域はとりわけ放射線量が高く、近づくことができない。その結果、事故発生以来、この敷地内の構造物を補強したり、補修したりする動きはまったくない。これらの構造物が強い地震に耐えられるかどうかは心もとない。

機能不全に陥った原子炉それぞれに敷設された何本もの仮設冷却パイプが、事故で破片の散らばるなかを縫うように通っている。むき出しの管は損傷に大変弱い。わずかでも管が傷つけば、冷却システムが働かなくなって核燃料が過熱するかもしれない。燃料がこれ以上損傷すると放射性物質を放出することになり、水素爆発、ジルコニウム火災、使用済み核燃料プール内での燃料溶融の可能性もある。

4号機原子炉建屋の枠組みの崩壊は著しい。4号機内の、合計一六七〇トンにのぼる使用済み核燃料が貯蔵されているプールは、地上三〇メートルあたりに吊るされている。東電はこれから使用済み核燃料棒を移す計画を立てているが、もしまた近くで巨大地震が起きればすぐに移設とはならないだろう。この燃料プールが崩壊したり水が漏れ出したりすれば、核爆発を引き起こし、この区域全域が閉鎖されることになる。

この原発が象徴しているのは人類文明にとって先例のない、国際的な安全保障上のリスクだ。新たな別の災害が起きる可能性は、世間で考えられているよりはるかに高いのだ。もしまた地震が起きてメルトダウンが進むなら、我々は未来を偶然や東京電力の厚意、あるいは日本政府に委ねてばかりはいられない。一方でアメリカ政府は黙って見守っているが、自国のためには行動を起こすほうが得策ではないか。別の災害で高濃度の放射線物質が放出されれば、雨や食物を通して西海岸まで届くかもしれない。住民は避難しなければならなくなるし、東アジアにおける対米関係は緊迫したものになるだろう。

似たような災害は、アメリカでも世界のどんな場所でも起こり得る。そこに原子炉や使用済み核燃料の中間貯蔵施設がある限り、どこでも。今日、世界では四〇〇基以上の原子力発電所が稼働しており、そのうちの一〇〇基以上がアメリカ国内にある。断層線の近くに建っているものもあれば、老朽化しているものもある。また4号機と同じく、中間貯蔵施設も二四基ある。多くは単なる倉庫でしかない。冷却システムはあまりに脆弱で故障しがちなので、配管の腐食といった単純なことがメルトダウンを誘発しうる。

日本や他のどんな国でも原発事故が起これば、政府や原発業界が示す反応は福島後の日本をなぞることになるのは確実だ。彼らはあらゆる情報と原発敷地内へのアクセスを制限し、国家の安全保障上の懸念を引き合いに出すだろう。災害後、人々を情報から遠ざける能力は、特権であるには違いないが、望ましいものではない。科学系の記者たちにはどのレベルのアクセスが必要で、国家の安全保障のためにはどのレベルの統治機関にまで裁量を与えるかといった点を、しっかり決める必要がある。この協定のための枠組みが必要なのだ。

今のところ、こうした重責は調査官の肩にのしかかっている。災害時に予想されるシナリオとは直接関係ない問題でさえ、科学者と政治家の間に何のコミュニケーションもない。これはアメリカにもあてはまる。私はトップクラスの科学者が連邦議会議員と接触するのがいかに難しいかを知り、衝撃を受けた。二〇年前の事故（※一九八六年のチェルノブイリを指す）ではこうではなかった。独立した立場の科学者とジャーナリスト、そして政治家による継続的で開かれたコミュニケーションが、新たな原子力災害に効果的に対処するために欠かせない。

国際的な行動も不可欠だ。アメリカ、ロシア、ウクライナ、ドイツ、イギリス、フランス、そしてカナダから国会議員を選抜し、事実調査団を編成して福島に派遣するべきだ。ロン・ワイデン上院議員は二〇一二年の訪問で手本を示した。国際連合児童基金（ＵＮＩＣＥＦ）と世界保健機関（ＷＨＯ）にはこれから数十年、放射能に晒されることになる子供たちを救う基準を作る、さまざまなプログラムを確立する義務がある。核科学者と医師たちは協力して、放射能被曝に関連する病気を治療するための新たな技術と治療薬を開発するべきだ。

イギリスのチャールズ皇太子は、国連持続可能な開発会議（リオ＋20）でスピーチしたとき、気候変動について関心を寄せ次のように述べた。

「最悪の事態が起こってからしか行動しないのは人間という生き物の特性なのかもしれません。けれどもそれは、この場で我々があてにできる特性ではありません」。

皇太子は福島について語っていたのかもしれない。日本は福島で進行している問題に対処する準備ができていないが、これは日本だけの問題ではない。人類すべてに影響を及ぼしているし、これからも影響を及ぼすだろう。

第 7 章

電離放射線の生物系に及ぼす影響について

Effects of Ionizing Radiation on Living Systems

「原子力の社会的危険性と
恩恵について、
我々にわかっていることと
わかっていないことがある。」
――デイヴィッド・ブレンナー *David Brenner*

低線量電離放射線が人体に及ぼす影響について、我々が知っておくべきすべてが明らかになっているわけではない。わかっているのは放射線被曝の主たる影響で、低線量電離放射線によって成長途上の胎芽や胎児が受けるダメージもこれに含まれる。もっとも大きいその影響は、がんである。

広島と長崎に投下された原子爆弾を生き延びた人々の研究から、低線量放射線と発がんの危険性に相関があることはわかっている。どちらの投下でも多くの人々が巻き添えになったし、一〇万人以上の人々を含む追跡調査は、かなり長期間続けられたからだ。低線量放射線の発がん作用を理解するためには、あらゆる研究に対する追跡調査を何十年も行う必要がある。全体像を把握するには、一般的にいって一〇年の追跡調査では不十分なのだ。

広島で爆心地にいた人々は、非常に高い線量の放射線を浴びて非業の死を遂げた。爆心地から一・八～二・七キロの範囲にいた人々は、５から一〇〇ミリシーベルトという低線量の放射線を浴びるにとどまった。この数値は福島の放射線量よりさらに高い。一九五八年から一九九八年にかけて、このグループで固形がんにかかった人の総計は、四四〇〇人だった。この数字と、原爆の放射線を浴びなかった人々から見こまれるおよそ四三〇〇という数字を比べてみてほしい。違いはわずかに一〇〇人だが、統計的に見れば明らかに、放射線による発がんリスクの上昇が読み取れる。一方、この数字そのものはさほど大きくない。要するに、低線量放射線はがんを引き起こしはするが、個人レベルでの危険性は小さいのだ。

より低い線量になると疫学的研究がいっそう難しくなる理由は、どのような集団でも約四〇パーセントの人々はいつかがんになるからであり、放射線量がより低くなると、その四〇パーセントにごくわずかだけ上乗せされる危険性を見分けなければならない。研究のために必要な人員の数は通常、膨大なものになる。

たとえば、個人に害を及ぼす危険性が一〇〇万分の一という事業があったとしよう。規模の小さな集団がその事業に参加したとき、被害をこうむる可能性のある人は基本的に誰もいない。母集団が小さいからだ。別の言葉で言えば、基本的に集団リスクはない、ということだ。今度は一億人が同じ事業に参加すると考えてみてほしい。たとえ個人リスクがまったく同じ（一〇〇万分の一）でも、一億人のうち何人か——ざっと一〇〇人——が確実に被害をこうむることになる。被曝したのは一〇〇人だったにせよ、明らかな集団リスクが存在する。ここで肝心なのは、たとえ個人リスクが非常に小さくても、公衆衛生の重大性は、何人の人間がその危険に晒されるかによる、ということだ。

このことと、福島第一原子力発電所事故による放射能が人体の健康に与える潜在的影響を結びつけて考えてみよう。福島の住民約一〇〇万人のうち、放射能が原因でがんにかかって死亡する危険性はざっと二〇〇〇分の一で、これは日本人がその生涯のうち、凶悪犯罪に巻きこまれて死亡する危険性にだいたい等しい。別の言葉で言うと、放射線被曝に関連するがんの危険性は小さい、ということだ。集団リスクに置き換えてみよう。もしこの二〇〇〇分の一の危険性に、被曝した一〇〇万人の人々をかけてみると、放射線関連のがんにかかって最終的に死亡すると思われる福島の住民の想定数は五〇〇人となる。

想定される個人レベルでの放射線関連死の危険性は非常に小さい一方で、公衆衛生における結果は――死亡者数五〇〇人――痛ましい。その一方、五〇〇人という想定死亡者数を、地震と津波が原因の死者の数――およそ一八〇〇〇人――と比べてみてほしい。

つまり、福島の事故の重大性を考えるとき、我々はふたつのレベルで考える必要がある。個人リスクと、集団リスクだ。放射線量は非常に低いので、個人リスクはおそらくゼロではないにせよ、非常に低い。それにもかかわらず、もっともなことではあるのだが、日本では放射能に関する不安の大部分が個人リスクに集中している。個人リスクの観点から言えば、我々が実際に知っていることと、日本人ひとりひとりが個人リスクについて抱いている不安のレベルの間には不均衡があるようだ。

私の見るところ、集団リスクに関する懸念は妥当なものだ。福島の事故が原因で放射能被曝に関連するがんにかかる事例を世界レベルで検討した場合、集団リスクは数千人を上回るかもしれない。原子力の危険性と恩恵について政治的問題を提起する好機ではないだろうか。

リスクに対するこれらふたつの異なる見方を混同してきたせいで、我々は日本の人々を失望させてきた。個人レベルでの放射線の危険性はきわめて小さく、したがって、日本で、あるいは福島に住んでいる人々で個人リスクを負っている人は少ない。皆無とは言えないが、人々が日常生活を送りながら自然に負っているその他多くのリスクと比べられる程度だ。

福島の事故に関連した放射線の危険性について、私たちはもっと注意深く話をする責任がある。そのための手段が教育だ。放射線に関連した危険性の本質が実際にはどのようなものかを人々に語りかけ、説明する必要がある。つまり、我々にわかっていることと、わかっていないことを説明しなければならない。

二〇一一年四月、ニューヨークのメトロポリタン・オペラとアメリカン・バレエ・シアターの出演者およびスタッフは日本ツアーに出発するところだった。当然、訪日を延期すべきかどうかについて、全員がひどく悩んでいた。私はメトロポリタン・オペラにおもむき、何時間もかけて、放射線とはどんなもので、低線量の放射線に関する危険性がどのようなものかについて語った。できる限り率直であろうとしたし、まだよくわかっていないことが何かも説明しようとした。一時間の質疑応答ののち、結局、メトロポリタン・オペラとアメリカン・バレエ・シアターは日本へ行くことを選択した。もしもみずから腰をおろし、注意深く聴衆に話しかけ、自分が知っていることと知らないことを説明するなら、実際に何がどう危険なのか理解してもらえるだろう。

この話が持つ別の側面は、入手する情報に関する、非理性的とは言わないが、信じられないほどの懐疑にある。これほどの不安が日本で蔓延している理由もそこにある。日本に行く人は誰でも、放射線量に関する政府の声明にはかなりの不信感が向けられていることがわかるだろう。放射線量が本当のところどのようなものだったか——許容量の範囲内だった——ということをわれわれはよく知っているし、そのことを伝えて人々を安心させなければならない。

もし全員の放射線量を直接測ることができるなら、誰が高い線量を浴びたのか特定することが可能だろう。その人たちは経過観察を経て、治療を受けることになる。大多数の人々は非常に低い線量の放射能を浴びたか、まったく浴びていないことが再確認できる。白衣を着た医者に、「心配いりません」と言われるより、テストが受けられるなら、その結果のほうを人々は喜んで信じる。

多くの研究結果がこれを裏づけている。コロンビア大学で、我々は同時に多数のサンプルを処理できる高性能のバイオドシメトリーツール（※被曝線量などを測定する計器）を開発した。糖尿病患者が使う血液採取法のひとつ、フィンガー・スティック法と同じ方法をベースにしたもので、これを使えば非常に多くの人々、たとえば、一日に三万人を検査することができる。要するに、被験者に対して高い放射線は浴びていないこと、重大な事態は進行していないことを示して安心させるひとつの方法なのだ。

福島の個人リスクが非常に低いことに疑いの余地はない。我々はより多くの努力を払い、放射線を浴びた福島の人々に情報を提供し安心させなければならない。しかし同時に、重大な集団リスクが潜在的に存在することにも疑いの余地はない。したがって我々には、こうした集団リスクを定量化する方法を改善する必要がある。なぜならそれが、原子力の社会的危険性と恩恵について真剣に話し合うただひとつの方法だからだ。

第 8 章

福島における初期の健康への影響

The Initial Health Effects at Fukushima

「歴史から学ばない政府は、
それを繰り返すよう
運命づけられている。」
——イアン・フェアリー *Ian Fairlie*

放射性プルームに汚染された日本

二〇一一年三月一一日に発生した東北地方太平洋沖地震の直後、太平洋に面していた福島第一原子力発電所を津波が襲った。その大波は発電所の防波堤を乗り越えた。発電所は水浸しになり、冷却用ポンプとディーゼル発電機は使用不能となった。地震後数日の間に、爆発も発生した。三月一二日には1号機、三月一四日には3号機で爆発があり、その様子は撮影され全世界に放送された。三月一五日には2号機で「爆発的事象」が発生、その数分後には4号機の使用済み核燃料プールで爆発と火災が発生した。三月一五日以降の爆発は録画されていない。暗くてテレビクルーたちが録画できなかったためである。

要するに、三件の爆発事故と、一件の「爆発的事象」が福島第一の1号機、2号機、3号機の原子炉と4号機の使用済み核燃料プールを破壊した。プールに保管されていた四機ぶんすべての使用済み核燃料は水位が下がったため過熱し、4号機燃料プールでは火災が発生した。1号機、2号機、3号機では炉心溶融も起きた。およそ八万二〇〇〇人の人々が損壊した発電所周辺の地域から避難し、そのうちの七万人は発電所から半径二〇キロ圏内に住んでいた。日本の面積のおよそ八パーセントにあたる地域が、発電所から放出された放射性プルーム（放射性物質を含んだ雲）からの降下物と、汚染された食物と水で汚染された。

アメリカ軍のヘリコプターがセシウム１３４とセシウム１３７の地表面における線量を測定し、放射性プルームによって東京の一部を含む、人口密度の高いいくつかの地域が汚染されていることがわかった。首都圏のおよそ三〇〇〇万人が平均してたった一ミリシーベルトしか被曝していないにせよ、三万シーベルトという集団線量は非常に高い。

チェルノブイリと福島の事故はどちらも大惨事ではあったが、環境中に放出された放射性物質という点では、一九五〇年代および六〇年代に行われた空中核実験のほうが実は深刻だ。チェルノブイリの降下物は福島の場合と比べると、より濃縮された核種がより広い範囲に降り注いだ。もっとも濃度が高かったのは、ウクライナ、ベラルーシと旧ソ連だったが、降下物の六〇パーセントはイギリス、フランスを含む西ヨーロッパまで及んだ。フランスは浅はかにも、チェルノブイリの降下物による被害はないと断言していた。

一方、福島第一からの降下物の約八〇パーセントは海に落ちた。しかし日本での人口密集の度合いはウクライナやベラルーシや旧ソ連を上回る。セシウム１３４とセシウム１３７合わせて三三ペタベクレル（一ペタベクレル＝一〇の一五乗ベクレル）が大気中に放出された。予想値については、より高いものから低いものまで提示された。日本政府の予想値は若干精度が低く、およそ一〇ペタベクレルだった。

福島第一から放出された放射性同位体キセノンの量はチェルノブイリよりも多かったが、これは事故を起こした原子炉がチェルノブイリでは一基だったのに対し、福島では三基だったからだ。これらの同位体は短半減期の希ガスで、キセノン133の半減期は五・二日だ。

二〇一三年二月に発表された世界保健機関（WHO）の福島に関する報告書で、福島近郊に住んでいる人々のうち、幼児期に被曝した女性が乳がんにかかるリスクが六パーセント高いこと、男性が白血病にかかるリスクが七パーセント高いことが発表された。

これらの数字は推定被曝線量に不確定な要素が多かったため、過小評価された可能性がある。またこの報告書では、幼児期に被曝した女性が甲状腺がんにかかるリスクが七〇パーセント高いことも述べられている。残念なことにこの報告書にはあいまいな部分が多く、一般の日本国民の健康リスクは「低い」とされた。日本以外の国での健康リスクの上昇は識別できるほどには存在せず、原発の緊急事態収拾にあたった労働者の三分の一に、健康リスクの上昇が見られるだろうと述べられていた。

福島でこれから起こること

チェルノブイリの事故後に観察された影響が、福島の未来に待っているものを示してくれる。およそ九カ月後には放射線被曝の催奇性が明らかになり、子宮内被曝の影響──乳児死亡、小児白血病、出生児数の減少──が発生すると予想される。白血病は比較的珍しい病気なので被曝との関連を特定するのは難しいかもしれないが、二年後には、成人の白血病患者の増加が見こまれる。四年後には甲状腺がんにかかる女性と子供が増えるだろう。一〇年後には、固形がんの発生と心臓血管への影響が増していくと思われる。

ドイツ、ニュルンベルクのアルフレッド・ケルブライン博士は二〇一一年三月一一日からおよそ六週間後に、乳児死亡がピークに達したことを発見した。彼は乳児の死亡率が統計上有意な三倍に上昇したことを示した。つまり対照群では一〇〇〇人のうち三人だった死亡率が、観察対象では一〇〇〇人のうち九人になったのだ。この乳児死亡率の上昇が異常なのは明白だった。九カ月後には、日本全体では五パーセントだった出生数の減少が、福島県では一五パーセントに達し、統計上有意なものだったが、これはチェルノブイリの事故から九カ月後にキエフで起こった現象によく似ていた。

チェルノブイリ事故の被曝が原因で白血病になった成人を特定することは難しい。その上昇分が既存レベルに比べて小さかったからだ。ところが二〇一二年、リディア・ザブロツカ博士が、「リクビダートル」と呼ばれる作業員――チェルノブイリ事故の後処理作業で高レベルの放射能を浴びた――一一万人以上を調査した結果、白血病になった人が増加した明白な証拠が見つかった。この調査結果は標本数の多さから統計上有意なものである。もうひとつの重大な点は、被曝量と健康リスクは下限値なしに比例関係にあるということ、しかも一〇〇ミリシーベルト程度でも白血病のリスクが高まるという知見だった。

今後四年か五年の間におそらく、チェルノブイリ後ほどではないにせよ、甲状腺がんの発生件数が増えるだろう。事故の前、チェルノブイリで被曝した人々の甲状腺はヨウ素不足状態だった。彼らは海から何千キロも離れたところに住んでいたし、食生活にさほど多くの海産物を取り入れていなかったからだ。日本では多くの国民が海のそばに住み、ほとんどの人が海産物をたっぷり含んだ食事をとっているので、甲状腺には安定ヨウ素が蓄積されている。それでも福島の子供たちの甲状腺には小さな嚢胞や結節の増加がすでに見られ、そのうちどのくらいががんになるのかは、まだわかっていない。チェルノブイリでは事故の四年後、子供たちにだけ甲状腺がんが認められた。

放射性降下物の被曝についての既知の事実に基づいて、平均的な被曝線量と、事故が原因でがんになり死亡する人数を推定することは可能だ。特定の集団に対する集団線量が確定しさえすれば、がんで死亡する推定人数は、現在受け入れられている危険因子、一シーベルトあたり一〇パーセントという数字を集団線量にかけることで求められる。今のところこの分野では三つの研究が行われている。フランスの放射線防護・原子力安全研究所（ＩＲＳＮ）による研究（二〇一一年）と、アメリカのテン・ホーヴとジェイコブソンによる研究（二〇一二年）、そしてアメリカのベユェ、ライマン、フォンヒッペルによる研究（二〇一三年）の三つだ。フランスの研究では死者の数を一〇〇〇人から一五〇〇人と見積もり、テン・ホーヴとジェイコブソンは一七〇〇人、ベユェ、ライマン、フォンヒッペルはおよそ七〇〇〇人と予想した。私は地表に沈着している放射性物質（地表に残されたセシウム）による外部被曝の研究から、これから七〇年で約三〇〇〇人が死亡すると予測している。セシウムがどれほど長く残るかがわかるだろう。

福島県内のひらた中央病院のある教授が、二〇一一年一〇月から二〇一二年一一月までの間、病院を訪れたのべ三万二八〇〇人を対象に、ホール・ボディ・カウンターを使って内部被曝量を測定する調査を行った。検査の結果、体内のセシウムが陽性だった人の数が下がったことがわかった。二〇一一年一〇月には一二パーセントだったものが、二〇一二年三月には三パーセントに下がったのだ。セーフキャスト（※世界中の放射線データを提供するプロジェクト）もまた、外部放射線量がたとえゆっくりとではあっても、下がりつつあるという証拠を示した。東京電力ではなく、市民科学者が独自に測定したデータである。これらの結果には、わずかなりとも励まされるものがあるが、とりわけ高濃度に汚染された地域に住む一万人の日本人がこれから何十年もの間、比較的高い放射線を受け続けることになるのは明らかだ。現在もなお、チェルノブイリで起こっているように。

福島とチェルノブイリから我々が学ばねばならない教訓はこうだ――歴史から学ばない政府はそれを繰り返すよう運命づけられている。

第 9 章

チェルノブイリと福島における生物学的影響

The Bio ogical Consequences of Chornobyl and Fukushima

「政府や監査機関は、
放射能が人類にどのような
影響をもたらすか、
その答えを知りたくないのだ。」
——ティモシー・ムソー *Timothy Mousseau*

放射能に晒された野生動物を調査

二〇一一年三月一一日より何年も前、私と同僚はチェルノブイリで放射能汚染の影響について研究していた。私たちの関心事は進化生態学と遺伝学であり、放射線生態学や核医学や反核運動ではなかった。まず私たちは鳥を調べた。捕獲するのも、種類を特定するのも、数えるのも簡単だったからだ。原子炉周辺にはフェンスが張られていたが、鳥はもっとも汚染のひどい場所にも入っていくことができたため、これを追跡すれば、汚染物質が健康にどれほど長期的な影響をもたらすか調べられた。

チェルノブイリでは二〇〇〇年以来、福島では二〇一一年以来、私たちは生物多様性とその変異について研究している。調べたほとんどの生物では、放射能汚染に対する被曝レベルと正比例して、遺伝子損傷率が著しく増していた。奇形、発育異常、白内障、腫瘍、がんなどの割合も、多くの生物で増加していた。受精率も低かった。チェルノブイリの汚染のひどい地域にいる、オスの鳥の四〇パーセントが完全なる無精子か、死んだ精子が少しいるかだけだった。多くの鳥は寿命が短くなり、結果として個体数が減り、成長率も低下した。もっとも汚染のひどい地域では絶滅した種類もいた。生き残った種類でも突然変異が発生し、それが次世代に受け継がれていく可能性があった。生き延びてその地域を離れた鳥は、汚染されていない場所に移動して子孫を増やす。そこで突然変異を発生させ、放射能汚染のない地域においても個体数に影響を及ぼす可能性を秘めていた。

異なった環境における放射能の影響を知ることは容易ではない。私たちはひとりひとり違う。私たちが異なっているという事実は、遺伝子変異の結果でもある。だがその変異はたとえ発現しても、ほとんどは生存や繁殖能力に影響しない。自然界は雑多な要素から成る複雑な場所である。それぞれの場所は、たとえば日当たりや温度、そこにいる動植物や飛んでくる鳥などにより、すべて少しずつ異なっている。放射能やその汚染が個体数や種類に及ぼす影響を解き明かすためには、この変動性を考慮しなくてはならない。私たちはこれに対処するべく、チェルノブイリと福島のさまざまな場所で、あらゆる生物の数を徹底的に数え、データベースを作成した。

二〇一二年七月現在、福島では七〇〇回、チェルノブイリでは八九六回数えている。鳥の数、種類だけでなく、蜘蛛の数なども数えた。そして生物群の有無に関係しうる、環境の違いも考慮した。気象学、水文学、植物の種類、水の有無、といった違いである。私たちは五〇〇メートルほどのかすみ網を張って多くの鳥を捕獲し、ＤＮＡと全般的な健康を分析するための血液と羽毛のサンプルを取った。ガイガー・カウンターという簡単な測定器で放射能レベルも測定した。それから放射能汚染の個体数への影響を計算し、個体数と種類に影響しうる環境要因を、統計データをもとに考察した。過去にどんな科学者チームもしたことがないアプローチだった。

また、放射性核種の識別システムを利用して各エリアでの放射線源を識別し、放射線を小さな結晶でとらえる熱ルミネッセンス線量計（ＴＬＤ）を使って、小型の線量計を開発した。ＴＬＤを鳥につけて放し、また捕獲することで、どれだけの放射能に晒されているかが確認でき、個体への外部被曝を正確に見積もることができる。さらには捕まえた鳥を野外の囲いに入れ、体内の放射性物質を測ることで、内部被曝線量も測定した。その結果、ある場所においてガイガー・カウンターで測定した空間線量と、その場所で生物が内外に受けている放射線量とは関係が深いことがわかった。

ここ数年、チェルノブイリ周辺が野生生物の楽園と化しているという報告が相次いでいる。この話の発端は、国際原子力機関（ＩＡＥＡ）のチェルノブイリ・フォーラムが数年前に出した声明によるもので、多くの動植物の個体数が増えており、人間がいないため、立ち入り禁止区域の生物群系がかなり改善されていると述べられていた。つまり、放射能がこの地域の動植物に直接与える影響は、ほとんどあるいはまったくないということだ。さらに、人間の疾病率はストレスと他の環境要因の結果であり、放射線被曝とは無関係だということも匂わせる。

けれどもこの報告が書かれたとき、チェルノブイリ周辺における動植物の生物多様性と個体数についての詳細な研究は、まだ手をつけられていなかった。住民の健康に放射能の影響はないという意見が支持されていたのは、データがなかったからだ。最近のチェルノブイリと福島についての研究の多くが、この報告に触発されている。私たちの目的は、これらの問題を徹底的に追究するのに必要な、科学的証拠を提供することである。反核主義者ではなく進化生物学者として、予断も身びいきもなしに結果を出すことが求められた。

チェルノブイリの立ち入り禁止区域は異質な場所だ。そこには放射能汚染のない広大な地域がある。ニューヨークのセントラルパークより空間線量が低い場所もある。セントラルパークの線量率は一時間におよそ〇・一マイクロシーベルトだが、チェルノブイリの汚染されていない地域では、約〇・〇五マイクロシーベルトしかない。チェルノブイリに生物が増えているという話に興味をかきたてられた私たちは、事故後汚染区域に現れた野生馬なども含め、そこにいるすべての動物を勇んで数えた。

鳥類については、環境要因に関連した統計データをすでに得ていた。放射能が高レベルの地域には、鳥は本来いるべき数の約三分の一しかいなかった。だが調べてみると他の生物も半分ほどしかいない。数が少なすぎて、集団を維持できないものもいた。虫をあまり見かけないことに気づき、それらも数えることにした。大きな発見は、汚染のひどい地域には蜂がほとんどいないということだった。蜘蛛も、バッタも、トンボも、蝶も少なかった（とりわけ蝶は汚染に敏感なようだった。福島の事故後、日本に蝶の突然変異が現れたという報告とも一致する）。ネズミ類や鹿などの哺乳類も同様に少なかった。

ウクライナ政府は、原子炉や野生生物を見たい観光客を誘致しようと試みたが、残念ながら野生生物はほとんどいなかったので、チェルノブイリに小さな動物園を作り、旅行者やジャーナリストが狼やイノシシの写真を撮れるようにした。

福島とチェルノブイリの動物が教えてくれること

福島では、私たちは二〇一一年七月に三〇〇種類の生物のデータを集め、二〇一二年に四〇〇種類追加した。ツバメとツバメの巣についても調査し、同様の結果を得た。つまり、汚染のひどい地域では明らかに個体数が減っていたのである。チェルノブイリと福島で直接比較できる鳥は一四種類いるのだが、放射能による個体数の減少は、事故から二〇年以上経過したチェルノブイリに比べ、事故後一年の福島のほうが倍以上顕著だった。日本の鳥に免疫力がないこと、あるいは放射線感受性が強いことが推察される。おそらくチェルノブイリの鳥はある程度免疫力をつけたか、少なくとも敏感な種は過去二六年間でかなり減少したはずだ。

チェルノブイリの高汚染地域では、私たちが調べた分類学上の群はすべて減少していたが、福島では、明らかに減少していたのは鳥、蝶、セミだけだった。不思議なことに、二〇一一年の福島の高汚染地域で蜘蛛の数は増えていた。鳥など捕食動物の数が減ったせいと思われる。チェルノブイリと福島でのこの大規模な調査によれば、汚染されていない地域の個体数と種類が正常に見える（検証はしていないが）一方で、汚染のひどい地域では生態系に影響を及ぼすほど個体数が減少していた。これは、ＩＡＥＡのチェルノブイリ・フォーラムが示したプラスの影響を否定するものだ。

チェルノブイリで、過去数年で二〇〇〇羽以上の鳥を捕獲し調べたが、そこには異常が認められた。おかしな配色、部分的に白い羽、くちばし、翼、目のまわりの腫瘍、足や尻の異常な成長、皮膚の斑点の抜けや白内障などである。こうした異常は、他の場所ではほとんど報告されていない。さらにチェルノブイリの鳥は、脳が小さい。神経の発達は明らかに汚染の影響を受ける。小さな脳は認識機能を低下させ、生存可能性を下げる。福島の野生生物の長期的見通しは現時点ではわからない。結論を出すには早すぎる。だが日本の科学者による最近の蝶の研究は、私たちのチェルノブイリでの発見と一致している。

　私たちがチェルノブイリと福島で行った観察は難しいものではないが、問題は誰も目を向けないこと、あるいは向けたとしても、最後までやり遂げないことだ。資料を集め、分析し、査読の対象となる科学論文にして発表するところまで追いかける人はいない。残念ながら、この分野への財政的支援はない。科学者たちも、労働に対しては対価を得るべきではないか。だが**結局、政府や原発事故に対処する監査機関は、放射能が野生生物、さらには人類にどのような影響をもたらすか、その答えを知りたくないのだ。**それが私の結論である。

第 10 章

WHOとIAEA、ICRPがついた嘘

What the World Health Organization, International Atomic Energy Agency, and International Commission on Radiological Protection Have Falsified

「原子力発電は、
核兵器と同じくらいの危険を、
人類と地球にもたらす。」
——アレクセイ・V・ヤブロコフ *Alexey V.Yablokov*

過去二四年間にわたって、チェルノブイリ事故に関する約三万五〇〇〇もの科学論文が発表されている。ほとんどはスラブ語で書かれたものだ。この大惨事で、放射性降下物の影響を受けたすべての地域で疾病率と死亡率が上がった。ところが、国際原子力機関（IAEA）と世界保健機関（WHO）に支持されたチェルノブイリ・フォーラム（二〇〇六）に基づくベラルーシの見解は、〝放射線の実効線量と関係のない〟すべての医学的・科学的データを退けていた。だが、実効線量と死亡率・疾病率との間に統計的な相関関係を求める政府のやり方には欠陥がある。その理由を以下に述べる。

一．短寿命の放射性核種が崩壊する自然過程はとても速い

非常事態の後で、放射性核種の平均実効線量を正確に見積もるのは不可能だ。その理由は、短寿命の放射性核種が崩壊する自然過程がとても速いからだ。チェルノブイリのデータは、汚染区域での電離放射線のレベルが、一年間で一万回以上変化していることを示している。チェルノブイリおよび福島での事故後、関心はヨウ素１３１に集まった。だが、これが被曝の主な原因ではない地域もあった。関心はセシウム１３７にも集まった。事故後数カ月、これが被曝の要因であるケースもあった。同時に、バリウム１４０、セシウム

136、銀110m、セリウム141、ルテニウム103、ストロンチウム89、ジルコニウム95、セリウム144、ルテニウム106、セシウム134、ストロンチウム90などの放射性核種も非常に重要で、チェルノブイリの事故後数年は、電離放射線の問題を語るうえでセシウム137より重要だった地域もあった。

二．線量計は〝ホット・パーティクル〟を検知できない

真の実効線量を見積もるのは不可能だ。それは線量計が、融解した核燃料のミクロのセラミック粒子である、ホット・パーティクルを検知できないからだ。ベータ放射体およびアルファ放射体を含むこの粒子は福島の事故後、アメリカ西海岸で観測された。一般的な放射線モニタリングの方法は、このホット・パーティクルを考慮していないが、放射線被曝への影響は大きい。

三．それぞれの放射性核種の影響は一様ではない

真の実効線量を見積もるのが不可能なのは、それぞれの放射性核種の影響が、場所や時間で異なるからでもある。放射性核種は生態系に放出された後土壌へと垂直移動するた

め、大気中の放射能レベルはすぐに下がってしまう。核種が根域（地表より一五センチから三〇センチの深さ）に届くと、植物が核種を再び地表へと運び、大気の放射線レベルの上昇が数年続く。森林火災や強風、動物の活動なども垂直移動を引き起こし、核種を何百キロも離れた場所へ運ぶ。土の表面の湿度や濃度は毎日変化し、季節によっても違う。降水量や風によっても不規則に変動する。こうしたすべての要因のせいで、定点で観測しても、放射能レベルは数時間、数日、数週間、数カ月で大きく変化する。そのため、外部被曝の平均値を正確に計算することは、不可能ではないにせよ、とても難しいのである。

四．変数が多すぎて、食事による内部被曝のレベルが決定できない

放射性核種の集中度は、食べ物の種類によってかなりのばらつきがあり、また、同じ食べ物でも異なる。生の食品の扱い方の違いや異なる核種の蓄積具合、個人や季節、地元食材など嗜好の違いにより変動する可能性があるのだ。チェルノブイリと福島のデータは大きく異なっており、平均値を計算しても意味がない。水や空気から摂取する核種の平均値を計算することは、食品から摂取する場合よりは失敗が少ないが、年齢、性別、体重、基礎代謝などで異なるため、正確さに欠ける。政府が発表したベラルーシの人々の放射線量

は、実際に放射線を浴びた人のうち、わずか一・一パーセントの人の食品摂取や行動（屋内および屋外にいる時間）の聴き取りデータに基づいている。言うまでもなく、信頼に足るものではない。

五．人によって放射性核種の排出期間は異なる

放射性核種の排出期間は、個々の健康状態、年齢、性別、食習慣によって違う。内部被曝を計算するのに、吸収した核種の平均排出時間を国際放射線防護委員会（ＩＣＲＰ）が推奨する方法で算出しても、単純すぎて意味をなさない。たとえばＩＣＲＰによると、セシウム１３７の生物学的半減期の平均は約七〇日間だが、四人を調べると、一二四、六一、五四、三六日間とばらつきがあった。

六．政府による放射線量の概算はすべて、特定の核種の影響を無視している

政府による放射線量の計算はセシウム１３７が基準だが、発見が難しいアメリシウム２４１、プルトニウム２３８および２４０、ストロンチウム90などが、内部および外部照射の主因となるケースもある。

七．〝条件つきの人〟で計算している

最近までこの〝条件つきの人〟は、二〇歳で七〇キログラムの、健康な白人男性という設定だった。こういった人物をモデルにすることはまったく非科学的で、放射能に対する感受性の年齢、性別、人種による個人差をまったく考慮していない。二〇一〇年以来ようやくＩＣＲＰは放射線量の計算を男女別に行うことを推奨するようになった（男性モデルはゴーレム、女性モデルはローラ）が、あらゆる分野の個人差をまだ無視し続けている。

八．データはいくらでも歪められる

チェルノブイリでは、現在の福島と同様、多くのデータが改ざんされた。ソビエト連邦では医療統計は機密事項であり、事故後三年半の間に書き換えられた。何十万人もの「リクビダートル（事故処理作業員）」や清掃作業員の医療データが、ソビエト保健省の秘密命令により不正に加工されたのだ。個人の実効線量に頼るのではなく、チェルノブイリと福島の事故後を比較し、放射性核種放出の影響についての次のような客観的な情報を信頼するべきだ。

・環境や社会背景が似ているが、汚染状況だけが異なる場所での疾病率、死亡率
・事故後、一年ごとに調べたグループの健康状態
・染色体異常のような、歴史的に放射線と関連した疾患に関する個々人の健康状態

以下は、チェルノブイリ事故後の、放射能汚染の実質的な影響を示す例である。汚染地域でのがん罹患率の上昇（表10・1、10・2）は、氷山の一角だ。長年にわたり、以下のような大きな変化も統計的に表れている。

・自然流産と早産の増加につながる出生前発達障害
・胎児、新生児、乳児死亡率の上昇
・程度の大小を含む、多数の先天性奇形
・新生児の低体重
・脳の発達障害
・内分泌系異常

・免疫系異常
・早期老化
・体細胞および遺伝子染色体の突然変異や遺伝的不安定性
・血液および循環系異常
・呼吸器系異常
・泌尿生殖器系異常
・骨格系組織異常
・中枢神経系異常（脳を変化させ、知能の低下と精神疾患につながる）
・目（水晶体）の組織異常
・消化器系異常

チェルノブイリからの放射性降下物が、男女比の変化につながる可能性もある。北半球で生まれた男子の数は、事故後一〇〇万人減少した。また、健康不良の例も数えきれない。原子力推進派の科学者は、汚染地域での健康の衰えの原因は心理的な〝放射線恐怖症〟と主張するが、放射能に対する懸念が少なくなってきてからも、死亡率は上昇を続け

ブリャンスク州、カルーガ州、ロシアにおける固形がんの発生率

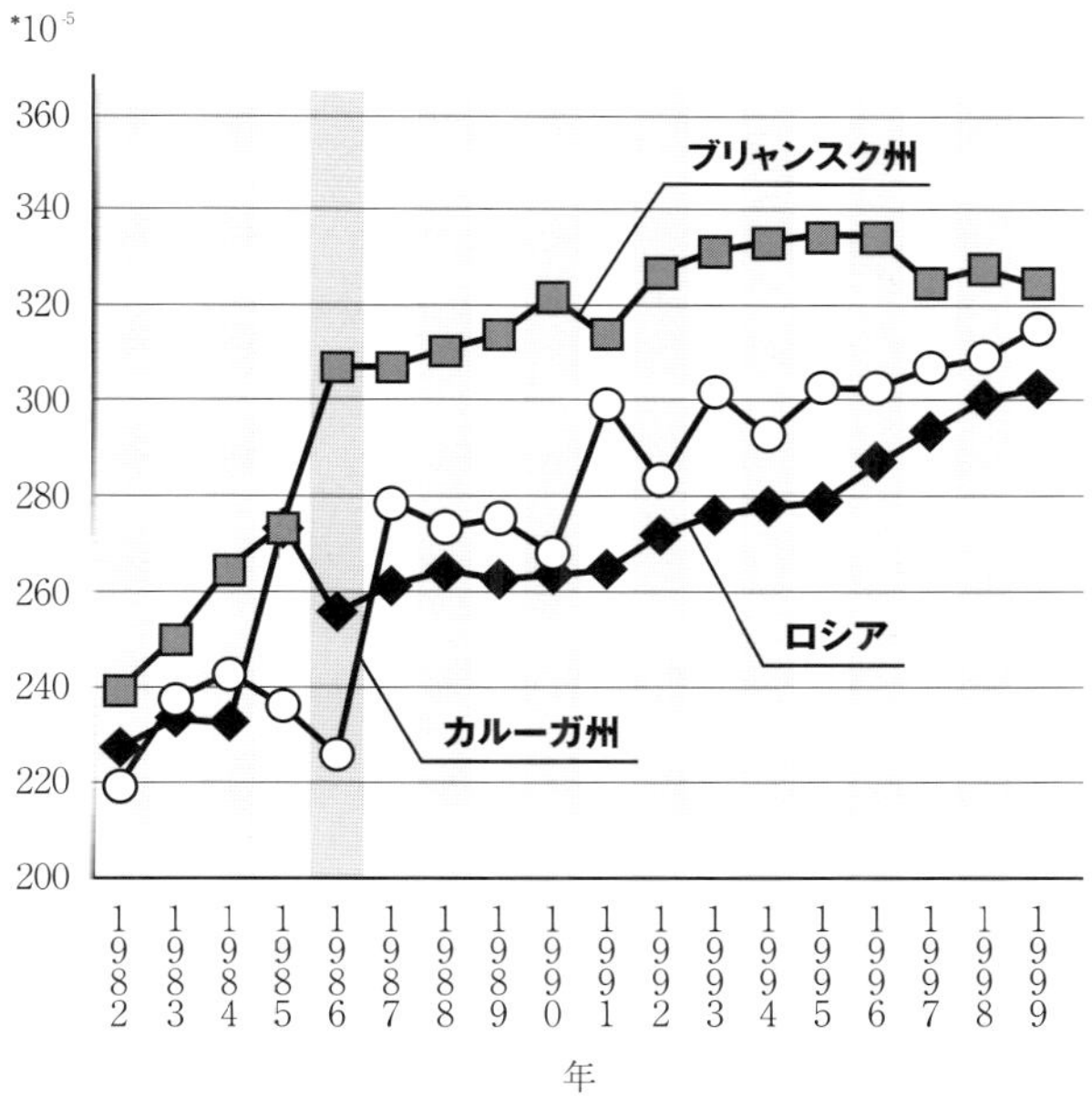

出典：イワノフほか　2004年

表10.1

1986年に子供や若者だった人
10万人あたりの甲状腺がん発生率

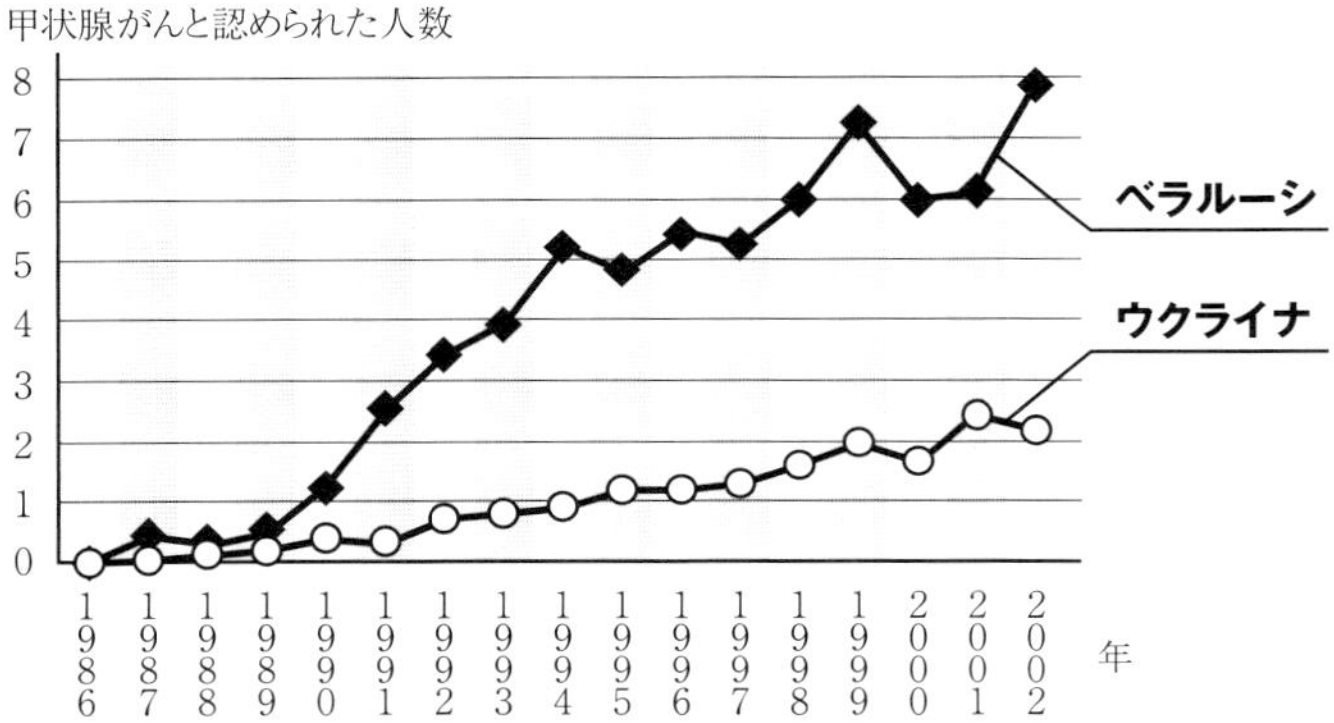

ベラルーシでその年に初めて
がんと認められた件数

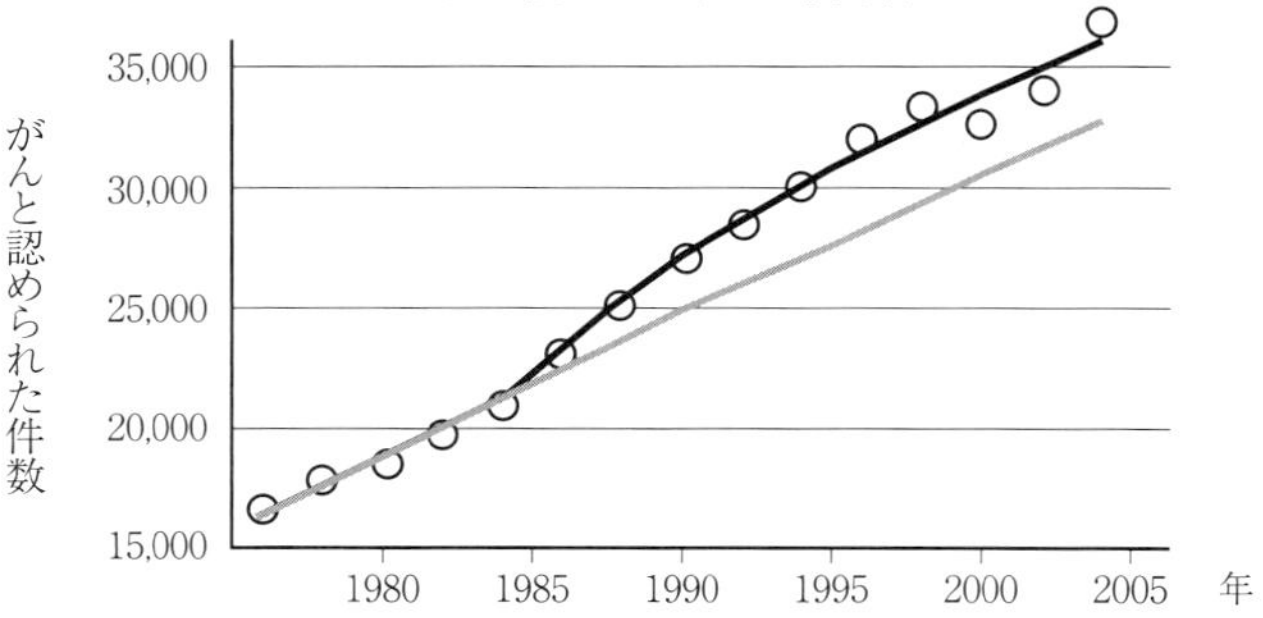

出典：フェアリー、サムナー　2006年　90ページ、マルコ　2007年

表10.2　チェルノブイリ事故後のがん発生率

ている。注目すべきは、放射線恐怖症になどならない野ネズミ、ツバメ、カエル、松の木が病気になり、突然変異率が上昇していることである。

チェルノブイリ事故の総死亡者数はどれほどになるのだろうか？　WHOとIAEAは、一九八六年から二〇五六年までの期間しか考慮していないが、その間にも九〇〇〇人ががんで死亡し、二〇万人以上が事故を原因とした病気になると推測している。その二〇万人は、被災者の死亡率や疾病率には実質的にカウントされない。原子放射線の影響に関する国連科学委員会（UNSCEAR）は世論に押され、チェルノブイリに起因する甲状腺がん、自己免疫性甲状腺炎（数千人の人々に影響があった）、白血病、白内障についての議論を始めた。

ロシアの六つの州で（汚染されていない近隣の六州と比較し）、一平方キロあたり四〇キロベクレル以上の汚染地域において、政府の発表による死亡率に基づき正確に計算したところ、一九九〇年から二〇〇四年までに、約四パーセント、二三万七〇〇〇人ほど死者が増加していた。チェルノブイリ事故による放射線核種の約六〇パーセントがベラルーシやウクライナの外部に堆積し、その結果、一九八七年から二〇〇四年までの全世界――ヨーロッパ、アフリカ、アジア、さらにはアメリカ――における死亡者数は、合計八〇万人近くなると言われている。たとえば、ヨーロッパ諸国での乳児死亡率の長期傾向調査によると、チェルノブイリ事故後、死亡率は急上昇している。事故以外に原因は考えられない。

チェルノブイリから得た教訓は、「原子力発電は核兵器と同じくらいの危険を、人類と地球にもたらす」ということに他ならない。

第 11 章

ウクライナ、
リウネ州における
先天性奇形

Congenital Malformations in Rivne, Ukraine

「被曝した両親の精子と
卵子が受精した瞬間から、
またしても被害が
広がっていくのだ。」

——ウラジミール・ヴェルテレッキー *Wladimir Wertelecki*

二〇〇〇年、我々のチームは、ウクライナのリウネ州で生まれたすべての子供を記録するという国際的プログラムを開始した。リウネ州は、一九八六年に起きたチェルノブイリの事故現場から、西へ二〇〇キロの場所だ。目的は、先天性異常の集団内頻度を測定すること。我々はリウネ州の七〇パーセント近い妊婦に超音波検査を実施した。死産児のデータすべてを見直し、新生児の診察は熟練した新生児生理学者に任せ、明らかな先天性異常のある乳児は、小児科医や臨床遺伝学者に診察させた。そして一歳になるまでの子供たちの異常を、ウクライナ保健省とＥＵＲＯＣＡＴが承認する方法に従って記録した。ＥＵＲＯＣＡＴとは、先天性異常を調査するヨーロッパの三八の組織の共同体である。ＥＵＲＯＣＡＴの協力により、リウネ州での先天性異常の割合を、ヨーロッパの他の地域と比較することができた。その結果二年のうちに、リウネ州北部のポリーシャ地域である異常が頻繁に発生していることが明らかになった。

ポリーシャは、チェルノブイリ事故により重大な放射能汚染を受けた地域である。チェルノブイリと造られた時期もタイプも同じ原子力発電所が二基あり、さらなる汚染の可能性を秘めている。この地域の森林に覆われた湿地帯は、リウネ州南部の肥沃な平野とは地質学的に異なる。ポリーシャの土壌によって放射性物質の大半は植物に吸収され、結果として森林、野菜、牛乳、肉など、地元の人々が利用する多くのものが放射性元素まみれになった。さらに、季節ごとの洪水や頻繁な森林火災が、拡散を加速させることになった。

一九八六年以来、地元住民は満足な情報も与えられず、放射性物質と接触せざるを得なかった。ポリーシャで生産された牛乳、チーズ、ジャガイモ、その他の食べ物は汚染されている。そして三分の二の世帯が、料理や暖房のために薪を燃やしていた。この薪こそが放射能の煙の源であり、大人も子供もその煙を吸うことになる。さらにこの木灰は家庭菜園の肥料に使われ、自家製の野菜を食べる人々や家畜に放射性物質がいっそう蓄積された。収穫期、軽めの労働を与えられる妊婦たちの仕事は、ジャガイモの茎を燃やす作業などであるが、そこにはセシウム１３７やストロンチウム90が含まれ、彼女たちはその煙を吸いこんでしまう。ポリーシャの人々は**放射能に晒され続け、被曝した両親の精子と卵子が受精した瞬間から、またしても被害が広がっていくのだ。**

セシウムは体に吸収されると、約一年間という、比較的短期間でその大半が排出される。一方ストロンチウムは、成長する胎芽、胎児、子供たちたちまち吸収され、カルシウムと置き換わって骨や歯などと結びつき、そこに一生残る。

ポリーシャの一般的な妊婦は、一日二六八ベクレルを取りこんでおり、ソビエト連邦が

チェルノブイリ由来の放射性物質による汚染区域の地図

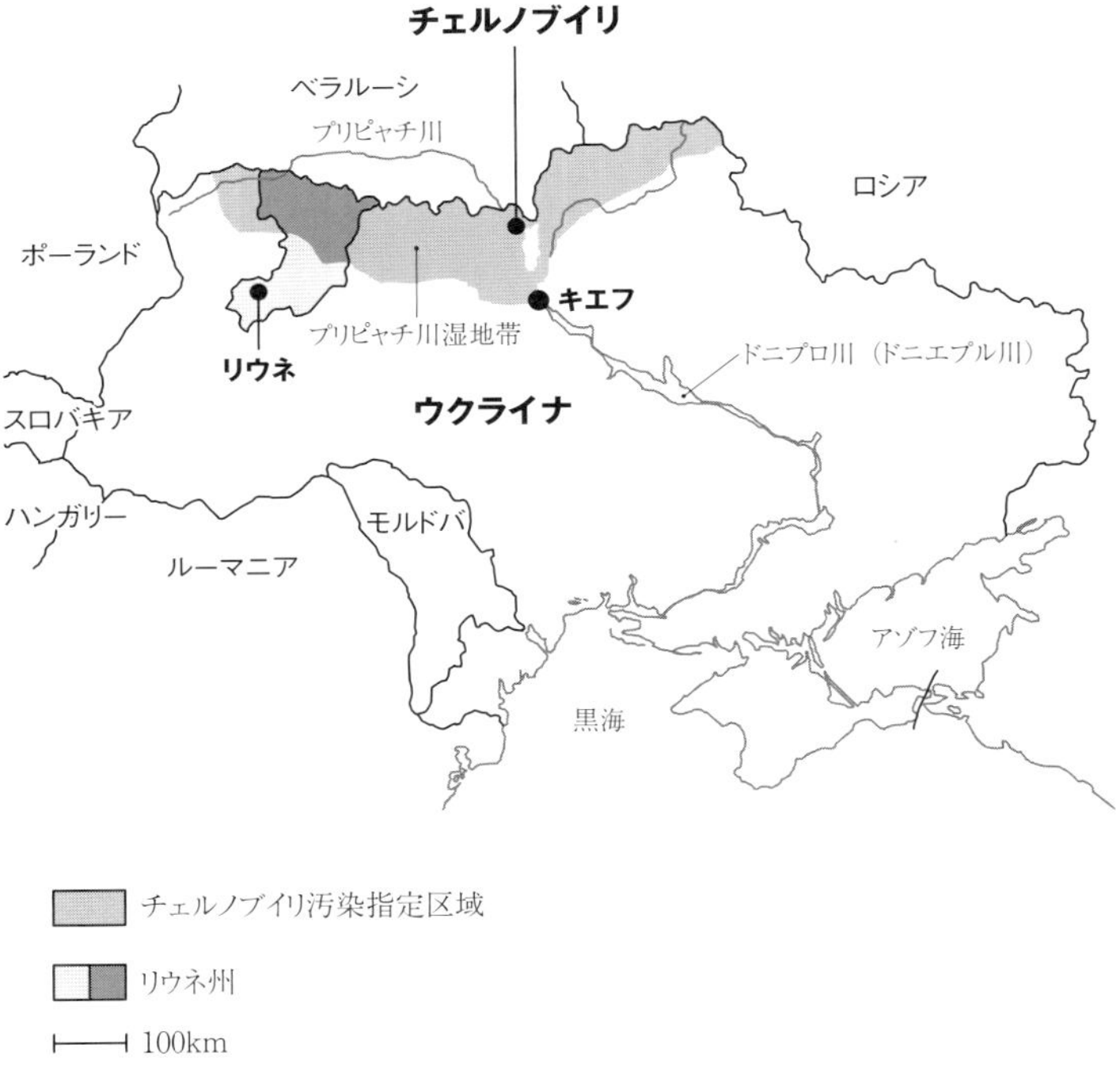

図11.1

成人の一日の上限値として定めている、二一〇ベクレルを超えてしまった。成人の累積上限値は一万四八〇〇ベクレルで、一五歳以下は三七〇〇ベクレルとされている。成長期には放射線のダメージを受けやすいというのが一般的な考えだ。急速に成長する胎児の上限値は、まだ決められていない。

簡略かつ高精度に放射線被曝を測定するため、我々はホール・ボディ・カウンターを用いて妊婦に取りこまれたセシウム137の量を測ることにした（ストロンチウムの検出はさらに難しい）。ディスタント・ポリーシャ（最北端の三つの郡）の一一五六人の妊婦のうち四八パーセントから、一五歳以下の限界値である三七〇〇ベクレルを超える値が検出された。調査した六〇二六人の妊婦のうち、ポリーシャ地域の人だけがかなりの量のセシウム137を蓄積していた。

放射線が成長する胎芽にもたらす最悪の影響には、頭蓋骨内や脳内の発達不全である無脳症や、厳密な定義によると頭囲が標準偏差の三倍以上小さい小頭症がある。小頭症はポリーシャで頻発していることが統計的にわかった。我々は、ポリーシャのある郡で生まれたすべての新生児の頭囲を測り、ポリーシャ地域に入らないリウネ市でも同様の計測を行った。ポリーシャの新生児の頭囲は、リウネ市のものに比べてかなり小さかった。ポリーシャの他の郡でも頭囲を測定し、ポリーシャ以外のすべての郡の計測と比較した結果、ポリーシャの新生児の頭囲は統計的にかなり小さいことがわかった。

催奇形因子は、先天性異常や発生的変化を引き起こす環境要因だ。ウクライナに見られる催奇形因子は、放射能とアルコールである。どちらも、軽度の小頭症から重度のものまで、先天性異常を引き起こす可能性がある。我々は放射能だけでなく、アルコールの催奇形性についても調べた。「胎児性アルコール・スペクトラム障害についての共同戦略（CIFASD）」と提携し、リウネ州の妊婦のアルコール摂取を観察し、子供の発育への影響を検討した。結果としてアルコールは、ポリーシャでの小頭症や出生時の頭囲の縮小にはあまり関係していないことが判明した。妊婦のアルコール摂取の分析によると、ポリーシャでのアルコール消費量は、その他の地域に比べ統計的に少なかったのだ。

人間の先天性異常の範囲は広い。リウネ州では、ダウン症や口唇裂（口蓋裂と関係あるものもないものも）、センチネル異常などが常に発生している。だがポリーシャのこうした異常の割合は、リウネ州の残りの地域や、ヨーロッパ各地とさほど変わらない。その一方で、結合体双生児、奇形腫、神経管欠損症の割合がリウネ州では高く、ポリーシャではとりわけ高い。ポリーシャでのこうした異常の割合は、ヨーロッパでもっとも高いのだ。専門家の多くは、胎芽になって子宮内に着床する前の受精卵（胞胚）に見られる異常、ブラストパシーだと考えている。最近の分子発生学の研究では、放射線によるダメージなど、受精卵の成長を遅らせるあらゆる要因は、胚軸の重複をもたらし、双子の結合や無脳症のようなブラストパシーを引き起こす可能性があると報告されている。また女性胚の発達が遅いことも、リウネ州で見られるブラストパシー的症状の原因かもしれない。

チェルノブイリが最悪の大惨事になったのは、主にソ連の権力者や専門家の対応が不適切だったためである。たとえばこれらの専門家は、放射能の影響を受けて苦しむウクライナの人々に対し、電離放射線を過剰に恐れるあまり放射線恐怖症に陥っているだけだと主張した。けれど事故がウクライナ国民にもたらした深刻な影響は、出生率の大幅な低下となって表れ、今でもそれは続いている。ソビエト連邦は、放射能汚染がポリーシャの人々に与えた重大な影響を無視した。間違いが正されたのはウクライナが独立したのち、一九九一年になってからだ。

チェルノブイリの放射線の影響を受けた地域で先天性異常の割合が上昇したという報告は、疑いの目で見られるか、却下されるかどちらかだろう。これには多くの理由があるが、なかでも国際原子力機関（ＩＡＥＡ）や世界保健機関（ＷＨＯ）、国連開発計画（ＵＮ

ＤＰ）などの組織による、断固たる拒絶がある。ＩＡＥＡは「この地区の放射能は比較的低線量なので、出生率が低下するとは言えない。……死産、異常な妊娠、出産合併症の数や、子供の健康全般に影響を与えている証拠はない。……先天性奇形がゆるやかではあるが確実に増加しているのは……きちんと報告する病院が増えたことを意味すると考えられ、放射能とは関係ない」と断言した。

この主張は、チェルノブイリ事故の影響を受けた地域での実態調査ではなく、主に原爆傷害調査委員会（ＡＢＣＣ）による広島や長崎での調査結果に基づいている。広島・長崎とチェルノブイリの放射能の影響には決定的な違いがある。原子爆弾からの放射線被曝は外面的で激しく、短時間であり、残留放射能は実質的にはなかった。対照的に、チェルノブイリからの放射線被曝は内面的で小さく、継続的だ。放射能の健康への影響は、蓄積されていく。ポリーシャの一般的な妊婦は、一日に少なくとも二五〇ベクレルを吸収し、その胎児は二五歳までに二二〇万ベクレル以上吸収することになる。そして、受胎以来ずっと放射能に晒されていた子供が成長し、また子孫を作っていくのだ。

ＡＢＣＣによる調査のほとんどが、アメリカ、日本、ヨーロッパで奇形学の学会が設立される前のものだった。現在、先天性奇形の環境的要因を学術調査する際の基準は、この学会の手によっている。さらに言えば、調査は原爆投下から五年近く経って始まったので、直接の被爆者には基づいていなかった。基準となったのは、本人は被曝していないが両親が被爆し、爆弾やその後の食料不足を生き残ってきた人々だった。

ＡＢＣＣによるふたつの調査は、原爆投下時妊娠中だった母親から生まれた子供たちの、先天性奇形に焦点を当てている。最初のものは、子宮内で被曝した、五歳になる二〇五人の子供たちについてだった。対照群のない臨床検査によると、二四人（一二パーセント）に異常があり、そのうち六人（三パーセント）の小頭症の事例は、精神年齢の低さと関係があった。もうひとつの調査は知的障害についてだった。そこには小頭症も含まれていたが、先天性奇形には注目されていなかった。調査グループは、妊娠期間のさまざまな段階で原爆の放射能に被曝した、一六二三人の子供たちで構成されていた。深刻な影響は、初期段階を生き延び、排卵後八週から一五週、一六週から二五週で被曝した子供たちに見られた。すなわちそれは、認識機能の低下、重度の知的障害、頭囲の減少、明らかな小頭症などである。

一九八七年、新たな放射線量評価システムであるＤＳ86が導入され、放射線量を正確に測定できるようになった。分析の結果、子宮に吸収された放射線量一グレイ【注1】につき、ＩＱポイントが二五から二九減少していることがわかった。一〇〇〇分の一グレイの放射線量で、脳神経細胞の移動に影響が出る。一グレイは一シーベルトとほぼ同じで、一〇〇〇分の一グレイあるいはミリシーベルトは、被曝の安全限度を表すのによく使われる単位だ。ヨーロッパでは、業務上の被曝上限は年間二〇ミリシーベルトだが、生殖腺や子宮はそれぞれ年間〇・三ミリシーベルトとされている。成人の体の他の組織に比べ、生殖腺や胎芽は少なくとも一〇〇倍は放射線によるダメージを受けやすいからだ。また、それは体の外部から受ける被曝を想定している。

ポリーシャでは、呼吸と食事により被曝する。食物を通して放射性物質はたちまち血液に届き、急成長する胎児組織を育てる。ポリーシャにおいて無脳症、小頭症、小眼症の発生率が高いのは、長期的な内部被曝により、胎芽が低レベルの放射線を受け続けているからだ。チェルノブイリ事故の少し後に行われた調査も、これを裏づけている。一連の臨床観察により、先天性奇形、とりわけ無脳症の発生率が上昇していることがわかった。別の調査によると、チェルノブイリから離れた西ヨーロッパでは、先天性奇形の割合は増えていなかった。

原子力発電所からの電離放射線被曝について、アメリカの研究がふたつ、イギリスの研究がひとつある。アメリカのふたつの調査は、アメリカ疾病予防管理センター（CDC）が後援する著名な科学者たちによって指揮された。両調査とも、ワシントン州ハンフォード核施設の近辺における、放射線の催奇形性の影響を解き明かすのが目的だった。ひとつは核関連施設に近いふたつの郡で、神経管欠損症の割合が高いことを発見し、もうひとつは、両親が仕事で低放射線被曝を受けている子供に神経管欠損症が多いことを示していた。ところが科学者たちは、調査は妥当と考えたものの、その結果については〝誤った結論〟だとして退けた。ＡＢＣＣの調査と矛盾するからだ。

イギリスの調査は、イングランド北部カンブリア州にある、セラフィールドの核再処理施設で働く父親たちに関するものだった。結果は授精前の外部被曝が、先天性異常や神経管欠損症による死産のリスクに大きく関与することを示していた。

注目に値する点が他にふたつある。二〇一三年、ハンフォード核施設に近い地帯で、神経管欠損症の発生率が異常に上昇し注目を引いた。またイングランド北部やウェールズでも、結合体双生児や小頭症と同様に神経管欠損症の割合が、ポリーシャ以外ではヨーロッパ最大になっていた。ワシントン州保健省は、二〇一〇年から二〇一三年の間に、ハンフォードから一〇〇キロほど離れたヤキマ付近の三つの郡で、胎児が神経管欠損症だと確認された妊婦が二七人いることに着目した。このうち二三人が無脳症で、政府の予想の三倍にもなる。この先天性奇形のグループについては調査が進められている。イギリスにおけるチェルノブイリの放射性降下物の影響は、カンブリア、ウェールズ、イングランド南西部で大きかった。これらの地域での神経管欠損症と小頭症の割合は、ヨーロッパ最大となりつつある。スカンジナビアの中央部も放射性降下物の影響が大きかった。ノルウェーとスウェーデン、それぞれ独自の研究によると、子宮内で被曝した場合、大脳機能にかなりの悪影響を及ぼすそうだ。これらの結果は、ポリーシャのふたつの郡で生まれた新生児の頭囲が減少しているという、我々の観察と一致する。

政治家は確たる科学的証拠もなければ世論の支持もないままに、政策を主張し遂行する。しかし彼らは医療専門家が示す予防原則のもと、それが人民や環境に無害であると明示する義務がある。チェルノブイリでの放射線に催奇形性はないというIAEAの意見は、この予防原則に矛盾している。それればかりか、事故による催奇形性の影響、あるいは潜在的な影響を根拠もなく否定するならば、正しい調査の妨げにもなる。福島の事故に対する我々の調査活動を契機に、低線量放射線の催奇形性にかかわる研究がこの先支援されることを願っている。さらにはこれらの研究成果が、チェルノブイリや福島の汚染地域についての、将来的な研究の出発点となってほしい。

第 12 章

いつ何を知ったのか

What Did They Know and What?

「四十年も前から、いつか事故が起こることは予見されていたのである。どれほど堅牢なシステムであっても、遅かれ早かれ、愚かさが信頼性を上回る事態が訪れるのだ。」

——アーノルド・ガンダーセン *Arnold Gundersen*

アメリカが設計した福島第一原発

福島第一原子力発電所の事故の原因は、アメリカにある。原子炉を設計したのは、ゼネラル・エレクトリック（GE）、建設はエレクトリック・ボンド・アンド・シェアカンパニー（EBASCO）が行った。建設にかかわったエンジニアたちが一九六五年に犯した六つの致命的な設計ミスが、二〇一一年、日本に最悪の事態をもたらした。

一　発電所を建てる高さを三五メートルから一〇メートルに下げた
二　津波よけの防波壁が低すぎた
三　ディーゼル発電機を地下に設置した
四　海岸沿いに取りつけられた緊急用ポンプが耐水性ではなかった
五　ディーゼル燃料タンクが氾濫原（※氾濫時に水浸しになる土地のこと）に設置されていた
六　マークⅠ型格納容器に技術的な欠陥があり、放射能を封じこめることができなかった右記の一から五までは、アメリカのエンジニアたちが津波の威力を認識していなかったために起きたミスである。津波は、海震あるいは海底火山の噴火によって発生して、五〇メートルという高さのまま時速九五〇キロの速度で外洋を何千キロも進む。過去一二〇年間で、日本の太平洋沿岸に到達した同様の津波と比べると、二〇一一年に福島第一を襲った津波は平均的な規模であった。一八九六年には東北沿岸に約四〇メートル、一九三三年には約二八メートルの津波が到達している。二〇一一年の津波の高さは一五メートルほどであった。同等規模の津波は他にも一九二三年（約一二メートル）、一九四四年と一九四六年（約六〜八メートル）、また福島第一原発が設計されるわずか一〇年前の一九五二年には十勝沖で津波が観測されている。

以上の前例があるにもかかわらず、GEとEBASCOのエンジニアは、福島第一を建てる土地の高さを三五メートルから一〇メートルに変更し、わずか四メートルの防波壁（のちに五・七メートルに改築）を造った。津波というのは水面自体が高くなる現象である。もし海上でボートに乗っていたら気づかない可能性もある。しかし、港あるいは沿岸部に到達するとすさまじい威力を見せつける。二〇一一年の津波は一五メートルの高さのまま音速で進んだ――その波高は発電所内のどの建物よりも高かった。

重要なのは、エンジニアたちが津波の威力を軽視していた点のみならず、ＧＥが最初のマークI型炉をターンキー契約（※設計から建設、試運転から引き渡しまでを受注企業が一括して請け負う方式）としたことだ。ＧＥは発電所の建設に六〇〇〇万ドル（※当時の日本円で二一六億円）を投じ、財務は悪化した。同じように一括請負で他の原子炉を造っていたために資金は底をつき、施工費を節約しなければならないという重圧がのしかかっていた。

さらに問題だったのは、予備のディーゼル発電機が浸水防護のない地下に設置されたことだ。そこは嵩が増した海水の進入路になった。発電機は防水容器にさえ格納されておらず、すぐに浸水し、動作不能となった。海岸沿いに取りつけられた緊急用ポンプはあったが、発電機に燃料を送る燃料タンク同様、水浸しになった。

事故が起きるのはわかっていた

福島第一で起こった事態を調べると、設計者の予断がいくつも露顕する。まず、格納容器は壊れないと思いこんだ点である。世界には四四〇もの原子炉が存在するが、爆轟《ばくごう》――衝撃波が音速より速く伝わる爆発現象――に耐え得るよう設計されたものはひとつもない。設計者があり得ないと高をくくっていたのである。しかし現実に起きてしまった。他にも設計上の重大な不備はある。アメリカ原子力規制委員会（ＮＲＣ）アドミニストレーターのチャック・カスト氏は、「マークⅠ型は現存する格納容器のなかで最悪であり、発電所内停電が起きた場合、間違いなく格納機能は失われる」と述べた。

アメリカの科学者たちは一九六五年当時すでに、マークⅠ型格納容器の設計に不備を認識していた。しかし、ＧＥのＣＥＯは「原子力建設はこのまま推進する」と述べ、そのまま建設が進められた。一九六六年、ＧＥはアメリカ原子力委員会（ＡＥＣ）の原子炉安全諮問委員会との会談で、独立した格納容器はアメリカ国民を守るために設計されたと説明した。ＡＥＣのデイヴィッド・オクレント博士曰く、ＧＥはこれらの会談で、炉心溶融により考慮した原子炉の再設計が必要であるならば――言い換えれば、委員会がマークⅠの設計を承認しないのであれば――原子炉建設から手を引くと明言した。当時の委員長であるグレン・シーボーグ氏は、「我々にＧＥを止める権限はない」と述べた。確かに、ＧＥの設計不良をアメリカ政府が止めることはできなかった。

福島第一原発が稼働し始めた当時、ＡＥＣ幹部のジョセフ・ヘンドリー博士は、マークⅠ型の設計には欠陥があり危険であると思われ、重大な懸念を抱いていると書き記した。

博士は稼働停止すべきであるとする一方で、マークＩ型の廃止は〝原子力の終末を意味し〟〝さらに耐え難い混乱を招き得る〟と予感していた。**四〇年も前から、いつか事故が起きることは予見されていたのである。**

いくつもの予断が生んだ事故

格納容器からの深刻な漏洩は、原子炉設計者のふたつめの予断により生じた。福島第一の原子炉内では、気圧が非常に高くなり、格納容器を密閉していたボルトが伸びてしまった。その結果、水素のみならず高温の放射性ガスおよび蒸気が漏れ始めた。水素の発生源はふたつある。燃料棒のジルコニウム合金と水の反応、もうひとつはメルトダウンだ。メルトダウンが生じると、コンクリートに燃料が接触し、水素が放出される。ＮＲＣは格納容器からの漏洩量を一日一パーセントと予想した。しかし二〇一一年三月一三日、福島第一の原子炉では一日に三〇〇パーセントの漏洩が生じていたと述べた。これは格納容器の容量に相当するガスが、八時間ごとに外気へ放出されている計算になる。

三つめは、キセノンやクリプトンなどの希ガスに対する予断である。原子炉の燃料は希ガスを含んでいるが、燃料が正常な状態を保っている限り、ガスは放出されない。ところが福島第一の事故ではあらゆる種類の希ガスが放出された。市民がこうした希ガスを吸っていたことに日本政府は気づかなかった。事故直後、千葉県で測定されたキセノンの濃度は、通常レベルの四〇万倍――八日間にわたり一立方メートルあたり一三〇〇ベクレルであった。言い換えると、千葉県の空気一立方メートルごとに、毎秒一三〇〇の放射能壊変が八日間続いたことを意味する。

現場では、事故発生後も四台の放射能検出器が継続して機能していた。すべての機器が電力を失いかけたが、いくつかは電池作動式だった。通常検出されていた放射線量の基礎数値は〇・〇四マイクロシーベルト程度であったが、事故発生翌日の午前五時には通常値の一〇倍、午前六時には六〇倍、午前九時には一五〇倍、午前一〇時には七〇〇倍を計測した。放射能検出器の周辺にいれば、半日で一年分の被曝をする計算となる。

その後、ベントが開放された。この事実によって、すでに格納容器からの漏洩が生じていた事実が裏づけられる。午後三時、前述した放射能検出器は、通常値の三万倍もの数値――一七分半で一年分の被曝をする量を計測した。これは検出器が設置されていた場所で計測された値であり、他の場所ではさらにひどい状態だったかもしれない。

四つめは、セシウムの不拡散予測である。ＮＲＣは原発事故後、トーラス——格納容器の下にあるドーナツ型の部分——に入りこんだ水が、セシウムの九九パーセントを除染すると見ていた。この数字は除染係数で一〇〇を示すと法律で定められている。一方、水が沸騰すればセシウムは捕捉できないため、除染されないという意見もある。日本の専門家は、セシウムはトーラス外に漏れていないとしたが、データはこれを否定した。格納容器内の温度は沸点を超え、浸水により冷却ポンプが操作不能となった。トーラス内にセシウムがとどまることはなかったのである。

最後の予断は、ホット・パーティクルに関するものだ。二〇一二年二月、私は五日間にわたって東京都内の舗道から五つのサンプルを採取した。そのうちのひとつは、学校に隣接した公園から採取したものだ。分析を担当したのはワーチェスター工芸研究所のマルコ・カルトーフェン。各サンプルから、アメリカにおける放射性廃棄物の数値に相当する一ミリグラムあたり七〇〇〇ベクレルを超える数値が計測された。**東京都民は放射性廃棄物のなかを歩いているだけではなく、放射性物質を含む空気を呼吸しているのがわかった。**東京で使用されている自動車のエアフィルターが入った箱が送られてきたことで、ガイガー・カウンターが反応を始めたのである。カルトーフェンがフィルターを取り出し、安全な場所に置いたX線用のプレートの上で数日放置した結果、プレートに焦げ跡がついた。

人々は同じ状態のフィルターをつけた自動車に乗っている——子供たちも同様である。エアフィルターのように、人々の肺も同じ状態に晒されている。セシウムは子供たちの靴からも検出された。子供たちは靴ひもを結んだその手でものを食べる。つまり、セシウムは子供たちの胃や腸などお腹のなかまで入りこんでいる。

〝除染〟などできない

福島第一では、チェルノブイリの三倍量の希ガスが放出されている。チェルノブイリで計測されたセシウム量は二・九ペタベクレルであり、このおよそ三倍量が福島第一の1、2、3号機で計測された。日本の専門家は福島第一から放出されたセシウムはわずか一、二パーセント程度であるとしたが、数値がゼロにならなければ除染されたとは言えない。

チェルノブイリと比較して福島原発が幸運だったのは、原子炉が海岸にあり、災害時の大半で風が海に向かって吹いていた点である。とはいえ、海へと流れたのは大気汚染の八〇パーセントほどで、残り二〇パーセントは山地にばらまかれ、雨や雪となって地上に到達してから海へと還る。また、核燃料が底に残っている原子炉建屋の亀裂部からは毎日四〇〇トンもの地下水が海に流れ出ている。日本はこの高濃度汚染水をタンクにためている――二日半ごとに一個の頻度で。地下から水を汲みあげ、耐震が万全とは言えないタンクに入れては、広い保管場所に置くだけだ。液体の流出は今後何年も続くと見られる。流出量がチェルノブイリの一〇倍に達していることは周知の事実だ。

テクノロジーの危険性は、どの時点で対処不能となるのであろうか。どれほど堅牢なシステムであっても、遅かれ早かれ、愚かさが信頼性を上回る事態が訪れるのだ。

第 13 章

使用済み
核燃料プールと
放射性廃棄物の管理

Management of Spent-Fuel Pools and Radioactive Waste

「保管場所を準備するより先に
廃棄物を出すのは
本末転倒である。」

——ロバート・アルバレス *Robert Alvarez*

放射性使用済み核燃料は強力な放射能

エネルギー省にいた当時、ハンフォード核施設で使用済み核燃料プールが何十年も放置されている問題について話し合った。最終報告にあたり、もし地震が起きて水が流れ出たら何が起こるかと質問した。古株の職員はやや間をおいてから答えた。

「チェルノブイリのように火災が起きるのは、火を見るより明らかだ」

福島の事故は、使用済み核燃料保管の危険性を明示している。各プールには何年にも及ぶ運転により放射性化した燃料が入っている。プールにためられている燃料は炉心でいうと複数個ぶんだが、炉心のようにコンクリートや鋼鉄などのカバーで覆われてはいない。爆発後、いくつかのプールは大気中にむき出しになっている。こうしたプールは地上約三〇メートル以上の高さに設置されており、現在構造上の完全性が疑問視されている。プールの構造は、現在入っているような大容量を想定したものではなく、一時保管用だ。また地震が起きれば、水が流れ出るかプール自体が壊れてしまう危険性がある。万が一、水が流れ出れば、放射線レベルは非常に高くなり、五〇メートルほど離れた場所で毎時五〇〇レントゲン（およそ五シーベルト）という致死量の曝露を避けながらどうやって緊急対応作業を行うかが問題となるだろう。水がプールから失われれば、燃料崩壊による過熱が生じて溶解あるいは発熱が起こり得る。燃料を覆うジルコニウム合金のチューブが発火し、数百キロの彼方まで放射線物質が降り積もる事態を招くかもしれない。

放射性使用済み核燃料は強力な放射能だ。使用済みの燃料集合体から一メートルのところまで、防御服を身につけていない状態で近づくと、数秒のうちに致死量の被曝をすることになる。廃棄物を構成するのは放射能毒性のある物質で、各物質に固有の放射性特性により生物学的被害を引き起こす。アメリカ政府は、使用済み核燃料を地球上でもっとも有害な物質としている。こうした残骸は、**今から一万年先の未来にかかわる環境の安全性と生物の健康に深刻な負担となっている。**

福島第一原発の４号機の燃料プールに入っているセシウム１３７は、およそ三七〇〇万キュリー――チェルノブイリの事故で放出された量の約一六倍である。燃料一〇〇トンを取り出すのも簡単ではない。クレーンで貨物を船に載せるような単純な作業ではないからだ。安全に取り除く基礎構造が破壊されたため、修理あるいは交換をしなくてはならない。使用済み核燃料は、核物質の影響にも耐えるクレーンを使って水中で取り除く。それから、普段は空っぽで物質の出し入れの際のみに使用される中継プールや上部プールなどを経由して移さなくてはならない。プールの修復のみならず、建物自体の堅牢性の強化も欠かせない。

すべてが順調に進んだとしても、時間と労力のかかる作業である。一三三一本ある核燃料集合体のうち、一度に移動できるのは九本か一〇本。それをドライキャスク――コンクリート製の壁と鋼鉄製の容器でできている――に入れる。乾いたら今度は非常に大きいクレーンで持ちあげ、輸送設備で真ん中のプールへと運ぶ。このとき、使用済み核燃料や放射線廃棄物が入れられるようプールはスペースを空けておかなければならない。

加圧水型原子炉は上部にプールを必要としないが、原子炉に隣接した建物内にプールがなくてはならない。保管場所の多くはプールの下が空洞になっており、迅速に排水が行える。

アメリカの使用済み核燃料プールは〝ぎゅうぎゅう〟

一九八〇年代初めから、アメリカ原子力規制委員会（ＮＲＣ）は使用済み核燃料や防御レベルの放射性廃棄物を永久に保管する施設を造ると見こんで、高密度保管を許可した。

これらのプールは当初の予定よりも四～五倍の量をためこんでいる。五年の期限つきの一時的な設備として造られたため、本来必要とされる核物質への防御策や水深が求められなかった。プールには二次格納施設がなく、うちいくつかは屋根がトタン製――コストコやウォルマート、フォードの販売店の建物にあるような――である。さらには、十分な動力設備や独立した給水能力は求められていない。福島の事故後、ＮＲＣは初めて、原子炉の運転員は制御室でプールの水位、水質、水温を監視しなければならないという条件を追加した。それまでは、発電所職員が直接部屋の内部で管理を行わなければならない原子炉もあった。この作業を怠ったため、後になって水位が著しく下がっているのに気づいたという事態が生じていたはずだ。

アメリカの使用済み核燃料プールには日本よりも多くの燃料が入っている。これは原子力産業が費用を抑えるために設けた無制限格納方式のためである。さらに、一九九〇年代からＮＲＣはアメリカの原発運営者に、エネルギーを生み出す核分裂性物質であるウラン２３５の割合を増やすことによって、原子炉内での核分裂時間を効率的に倍増させる許可を与えた。放射性廃棄物や使用済み核燃料保管施設よりも経済効果に目を向ける。原発運営者の意向に従ったかたちだ。原子力艦隊は、世界一高い燃料消費率での作業を許された。アメリカ学術研究会議のエンジニアは「使用済み核燃料の技術基盤は現在廃退する傾向にあるが、高燃焼度燃料の技術基盤は確立していない。さらに、保管期間が長引くと使用済み核燃料の品質が劣化している可能性があり、安全な輸送に新たな障害が生じる可能性がある」としている。

原子炉の運転環境は苛酷だ。残骸が生じ、それが激しく細かく動くため、燃料の被覆部に損傷が生じる。〇・〇四〜〇・〇八ミリの厚みしかない被覆材は伸びてさらに薄くなり、燃料棒内部のガス圧は二倍から三倍高くなる。いくつかの種類の原子炉は、高効率化によって炉心から燃料棒にかけての大量の腐食を経験している。

アメリカの使用済み核燃料プールは、二〇一五年までにいっぱいになる計算であり、原子力産業は乾式貯蔵を行わなくてはならない。これ以上プールへ詰めこむことはできないからだ。それでも業界は、高密度のプール貯蔵が最終的な段階まで可能で、高温の使用済み核燃料集合体をぎゅうぎゅう詰めにプールに詰めこめると信じている。まったく余地がなくなったとき、初めてドライキャスクが造られる。

使用済み核燃料の保管上の安全性を考えると、水の喪失は非常に深刻な事態である。アメリカ科学アカデミー（NAS）によると、きわめて高温の崩壊熱とジルコニウムの反応性により、ジルコニウム合金の被覆材は摂氏八〇〇～一〇〇〇度で自然発火する。強烈な発熱性があり、漏れた酸素が燃え広がり、山火事や火花の発生につながる可能性がある。

二〇〇三年、私が数名の同僚と共同で、「使用済み核燃料プールにテロや地震などが起きた場合の脆弱性」について論文を発表した際、クリスマスカードを交換するような原子力業界の仲間うちから総スカンをくらった。我々は、使用済み核燃料の安全性について過去二五年から三〇年の間に書かれた論文をもとに過激な論調を展開したのだ。そうした我々の声を不満に思ったNRCは、反論する内容の声明や文書をいくつも発表し、これにより、連邦議会はNASに問題を明確にするよう求めた。

我々は特別委員会に出席し、同僚であるフランク・フォン・ヒッペル氏が、プール火災が起きた場合どのような事態になるかを発表した。ヒッペル氏は、アメリカの商用原子炉でプール火災が起きれば、チェルノブイリの六倍の範囲に被害が及ぶであろうと説明した。また我々は、業界内で使用されている方法で、財務的な見積もりと予測される発がんの危険度を算出し、推定被害基準を提示した。このような事故が起きれば、国家基盤が揺らいで荒廃する、と。

NASは我々の意見を支持し、これらのプールはテロリストの攻撃に対して脆弱であり、火災は大規模になるおそれがあると指摘した。しかし、ＮＲＣはこれらの調査の重要性を踏まえた措置は取らなかった。

ＮＲＣが作成した、サンオノフレ原子力発電所を含む業務工程表には有事の際のシナリオが記載されている。もしもサンオノフレの作業員から電話がきて、地震が発生し、原子炉の屋根がなくなってプールの水が流れ出し、さらには新しい核燃料を詰めたばかりの燃料棒の上部がすでに外気に晒されているという報告を受けた場合はどうするべきか。どのような事態が起こるだろう？　答え：環境に放出される二六〇億キュリーの放射能のうちおよそ八六〇〇万キュリーがセシウム１３７であるおそれがある。現場から一六キロ四方に放出されたセシウムの量は、即座の致死から半数の人々にとって致命的（半数致死）となり得る。四五〇〜五二〇〇レム（およそ四・五〜五・二シーベルト）の放射線が放出されると、半径一六キロ以内にいる人の甲状腺が破壊されることがわかっている。

また、工程表にはプレーリー・アイランド原子力発電所のキャスクにテロリストが指向性爆薬（※爆発のエネルギーが特定の方向に集中するような爆薬）を仕掛けたとしたら、放出量と被害はどのくらいであるかという問題も記載されている。答え：キャスクから三万四〇〇〇キュリーの放射線が放出され、半径一六キロ以内にいる人は即死とはいかないまでも、致死に近い被害をこうむる。原子炉の目と鼻の先には、ネイティブ・アメリカンの少数部族の居住地区がある。甲状腺の安全な推定線量が、〇・一～〇・二レム（およそ一～二ミリシーベルト）であるのに対して、総実効線量（※放射線の種類や被曝する人体組織の種類を考慮して重みづけした放射線量）は一・九～四レム（およそ一九～四〇ミリシーベルト）と非常に高い。サンオノフレ原子力発電所の半径一六キロ以内には、六万四〇〇〇人の海兵が駐屯している世界最大のアメリカ海軍基地であるキャンプ・ペンドルトンがあるが、何の役にも立たない。これは、国家の安全保障体制が予期し得ない事態となる。

高レベル放射性廃棄物の放置は許せない

福島の事故について、さまざまな意見が書かれたり述べられたりしているが、私が気になった事項については触れられていない。発電所には九つのドライキャスクがあるが、地震および津波の被害は受けていない。二〇〇三年に我々は、使用済み核燃料プールは当初の使用目的である移送前の熱冷却のため、五年間の一時保管としての使用にするべきであると意見を述べた。そして残りの使用済み核燃料は乾式貯蔵にすべきだと提案した。これにかかる費用は三五億～七〇億ドル、期間は一〇年と見積もった。電力研究所の見積もりでは三九億ドルである。原子炉が長期間運転停止になることを考えると、法外な費用であり、運転を継続できると仮定しても、利益は少ない。業界は原発をＡＴＭ機のように思っている、それが私の印象である。とはいえ、たとえその費用が消費者に転嫁されたとしても、これで潜在する危険は大幅に減らすことができる。

しかし、高レベル放射性廃棄物の処理の枠組みはアメリカにおいて崩壊した。ユッカマウンテン処分場は閉鎖され、使用済み核燃料はプールに入る限り詰めこんでしまえというＮＲＣの姿勢は、連邦裁判所で棄却された。棄却理由は、使用済み核燃料火災が引き起こす事態に関するＮＲＣの予測を裏づける実験結果がなかったためである。

一方で、長期的に豊富な天然ガスも存在するため、これら年代物の単一ユニット原子炉は経済的にも脆弱であろう。廃棄物処理というより経済的問題の観点から、業界にとってはさらなる重荷となっている。

アメリカ国土には、四〇〇億リットル近い軍事的高レベル放射性廃棄物があり、収容するタンクはほとんどの州会議事堂ドームの容積よりも大きい。そのおよそ三分の一は外へ流出している。放射性物質の排出を安定させるため、一二〇〇億ドルを費やし三〇年経った今、排出が抑えられたのは約一一パーセントにすぎない。アメリカ南東部に飲料水を供給している太平洋北西側のコロンビア川やサバンナ川の保護は、国家的優先課題である。

我々は、六〇年近くもこの有毒廃棄物を処理する場所を探しているが、地球上最高濃度の人工放射性物質は、アメリカの原子炉に付属する保管施設にあるという事実を認識せねばなるまい。**保管場所を準備するより先に廃棄物を出すのは本末転倒である。**我々は、きっとどこかに処理する場所が見つかって、ドイツが自国の使用済み核燃料対策として行った特別な措置を取らなくても済むと常々思っている。地理的な保管場所を探す前に、こうしたプールの危険度を下げ安全保管指針の数を減らすような施策を講じるべきなのだ。軍事的高レベル放射性廃棄物の保管と安定も同様に国家的優先課題である。かかる費用は莫大ではあるが、アメリカに存在する高レベル放射性廃棄物の脆弱性を放置した末に払うことになる代償は計り知れない。

第 14 章

日本とアメリカにおける七十年間の放射能による危険性

Seventy Years of Radioactive Risks in Japan and America

「スリーマイル島、チェルノブイリ、
次はどこ?
答えはもちろん福島である。」
——ケヴィン・キャンプス *Kevin Kamps*

二〇一〇年八月、私は講演会ツアーを行うため日本に招かれた。最初の講演会は、福島第一原子力発電所の見える大熊町と双葉町で開かれた。太平洋に面した断崖に立つと、北側五、六キロ先に六基の原子炉が見える。南側の五、六キロ先に見えるのは、福島第二原子力発電所の四基の原子炉である。

二〇一一年の三月一一日に稼働していた原子炉の数は、第二のほうが多かった。しかし、一本だけ無事だった外部からの送電系統が、第二原発を惨劇から救った。地震により外部からの電力供給が絶たれ、津波により緊急ディーゼル発電機が機能しなくなった第一発電所に起こった惨劇である。第一には六基の原子炉（三基が稼働中であった）と使用済み燃料プールが七つある。第二には四基の原子炉と四つのプールがあり、さらに東京に近い東海発電所には一基の原子炉とひとつのプールがあった。**事故当時の総理大臣、菅直人氏と官房長官の枝野幸男氏は、原子炉のメルトダウンとプール火災による〝魔の連鎖反応〟が起こるおそれがあったと認めた。**もしそのシナリオが実現していたら、三〇〇〇万の人々が東京からの避難を余儀なくされていたであろう――これは黒澤明監督の一九九〇年の作品『夢』の一シーンである、富士山をバックに原子炉が爆発している場面に似ている。

福島第一の原子炉は、アメリカで惨事を起こしたゼネラル・エレクトリック（ＧＥ）製のマークＩ沸騰水型原子炉である。しかし、我々の原子力技術と日本との関係の歴史は、エンリコ・フェルミがマンハッタン計画の一部として世界最初の原子炉シカゴ・パイル一号を始動させた約七〇年前にさかのぼる。

当初、シカゴのダウンタウンから二〇マイルほど離れた、のちにアルゴンヌ国立研究所となる土地に、試作の原子炉を建てる予定であった。しかし時間に迫られ、フェルミはシカゴのダウンタウンのはずれにあるシカゴ大学の敷地内で原子炉の稼働を開始した。彼は学長にさえこの事実を知らせていなかった。絶対に安全だと上司たちを説き伏せたが、予防策を講じるよう言い渡された。そこでフェルミは数名の大学院生に、事故が発生した場合に薬剤を注入しにいく〝決死隊〟の任務を命じ、のちに安全制御棒切断員（ＳＣＲＡＭ）と呼ばれるようになる作業員を配備した。原子炉が制御不能に陥った場合、滑車で吊るされている制御棒のロープを斧で切断して原子炉内に落下させるのがその任務である。ＳＣＲＡＭという用語はその後、原子力発電業界に定着した。もっとも福島の事例で明らかなとおり、マグニチュード九の地震が発生した後は、原子炉にＳＣＲＡＭは行えても炉心が冷却されなければ崩壊熱によってメルトダウンが生じてしまう。

一九四五年七月一六日、J・ロバート・オッペンハイマーはレズリー・グローヴス将官とともに、トリニティ実験と呼ばれるプルトニウム爆弾実験を、ニューメキシコ州アラモゴードで実施した。これは八月九日に長崎に投下した爆弾の前実験であった。八月六日に広島に投下したウラン爆弾については、成功が確信できたため実験は行わなかった。戦争を止めるつもりがなかった残忍なアメリカ政府は、広島と長崎の原爆爆心地をその後〝実験地〟にするつもりだった。同様の〝実験〟をそこで続けようとしていたのである。

ソ連との冷戦の時代、軍備競争として太平洋上で同様の実験が行われた。一九五三年一二月八日、国際連合にてアイゼンハワー大統領が行った〝原子力の平和利用〟の演説は、まったくの宣伝にすぎなかった。ウランの採掘、製錬、転換、濃縮などの事業は拡大したが、どうやってこれをアメリカ国民に売るかが課題であり、手短に言えば、原子力に関するすべてのものにスマイルマークをはりつけたのだ。ペンシルバニア州シッピングポートでハイマン・リッコーヴァーの指揮のもと、初の〝民間〟原子炉が稼働するより前の話である。一九六〇年代後半から七〇年代前半にかけて商用ウランの売買が活発になる前は、アメリカ国内にあるほとんどが、何年もあるいは何十年も軍備競争のために使われた。原子炉の燃料としてウランが供給されるようになるのはその後の話である。

キャッスルブラボーとは、一九五四年三月一日にビキニ環礁などの場所でアメリカが初めて行った、一連の水素爆弾実験の暗号名である。ブラボー実験は、予定どおりに行われなかった。設計者のひとりであるエドワード・テラーと他の科学者たちは、この爆弾の威力を間違えて計算しており、五メガトンと見積もっていた核出力（※核爆発のエネルギーはこれと等価のトリニトロトルエンの質量で表される）は、実際のところ一五メガトンに及んだ。これは現在でも、アメリカの核兵器実験史上最悪の放射能汚染事故である。不運にも、日本のマグロ漁船第五福竜丸が近海を航行していた。アメリカは当初この海域を立ち入り禁止海域外であるとしていたが、のちに禁止海域を広げたため、漁船は危険海域を通っていたことになる。結果として二三名の乗組員全員が被曝し、うちひとりは数カ月内に死亡した。この事件を機に日本国民の反核運動は高まり、原水爆弾実験に反対する署名は広島地方だけで一〇〇万、全国では数千万もの署名が集まった。アメリカは心配になった。戦後の日本の忠誠心を勝ち取るべく、ソビエト連邦と中国共産党がこの状況を利用してくるおそれがある。

アメリカは原子力平和キャンペーンを立て直す措置のひとつとして、日本にＣＩＡを派遣した。アメリカ原子力委員会（ＡＥＣ）委員長のルイス・シュトラウスは部下とともに先頭に立って、日本の海産物の放射線汚染は大した規模ではないとアピールした。元〝A級〟戦犯および日本の市民ケーン（※新聞王として知られたウィリアム・ランドルフ・ハーストの生涯を描いてアカデミー賞を受賞した映画作品）として知られるメディア王、正力松太郎がCIAに協力したが、これが明らかになったのは二〇〇六年のことである。旺盛な政治的野心を持ち、半世紀にわたり日本を支配した自由民主党の創立に尽力した正力は、日本最大手の新聞社とテレビ局を掌握していた。彼に課せられた任務のひとつは、日本国民に原子力を売りこむことであり、情熱を持ってこれに臨んだ。商機をつかむべく乗り出してきた初めの数社のうち、一社は正力が働く企業であった。ジェネラル・ダイナミクスは早い段階で原子力ビジネスに参入したが、GEもすぐに続いた。

こうして**プルトニウム坊やのマスコットとともに悪名高い日本の〝原子力ムラ〟が誕生した。原子力産業、電力会社、政治指導者、宣伝と監督を兼ねる官庁、広告会社、学界、労働組合、地方公務員などが手を結び、時間をかけて日本の政界と財界でもっとも影響力のある集団に成長した。**宣伝費のかかったキャンペーンは、〝原子力安全神話〟を維持するためたびたび子供を対象にしたが、福島の惨事でそのもくろみは永久に打ち砕かれた。

アメリカには、合計一四〇基の商業用原子炉があり、そのうち約一〇〇基が現在も稼働中である。カナダにも二〇基以上原子炉がある。原子力大国の日本は、四八基でアメリカ、フランスに次いで三位である。また、日本には、問題を抱える高速増殖実証炉「もんじゅ」がある。文殊菩薩に由来する「もんじゅ」という名前は、原子力賛成の支持を得ようという狙いで、福井県の仏教徒がつけた。福井県には多くの原子炉がある――日本中でいちばん多い一四基が、短い海岸線に沿って建っている。日本の核反対運動や国民のすごい点は、福島の事故発生後、安全点検、補強、燃料棒交換または保守修繕のためすべての原子炉が運転を停止したことだ。その後再稼働されたものはたった二基であり――その二基とは福井県の大飯原発にあるが――それも期限つきでの稼働である。アメリカには、近々永久的に運転停止となり得るほど脆弱な原子炉が多数ある。メルトダウンが起きる前に運転停止しなければならない。

アメリカと日本で起きた原子力事故を比較すると、驚くほど類似点がある。

●作業員の過剰曝露

一九八一年、福井県敦賀原子力発電所で放射性廃液漏洩事故による作業員の過剰放射線曝露が発生した。この事故は、一九七〇年代にミシガン州ビッグロック・ポイントの実験用原子炉で、プルトニウム混合酸化物（ＭＯＸ）燃料棒破損により有害放射線が大量放出された事故を彷彿とさせる。類似した事故は、二〇〇九年にも北米最大の原発――カナダの五大湖にあるブルース原子力発電所で起きた。何百という人数の防御マスクを着けていない作業員が、放射線で汚染されたパイプで作業中に、アルファ粒子を放つ放射性物質に被曝した。現在、発電所内には八基の原子炉があり、運営を担うオンタリオパワージェネレーションは、ヒューロン湖から一キロ半も離れていない場所に〝低度から中等度〟の放射性線廃棄物処理場を作る計画を立てている。オンタリオ湖付近にある二〇基すべての原子炉のためだ。また、ほとんどがブルース原発の職員である近隣地域住民の多くが、カナダ全土の原子炉から出る高濃度放射性廃棄物の処理場建設の受け入れを志願している。この計画が実行されれば、地表の淡水の二〇パーセントを占め、北米に暮らす四〇〇〇万人に飲料水を供給している五大湖が汚染の危険に晒される。

●ナトリウム火災

一九九五年、もんじゅで大規模火災が発生した。当時、もんじゅを運営していた特殊法人である動力炉・核燃料開発事業団（動燃）が、事故と被害の規模を隠蔽しようとしたことが露顕し、多くの一般市民の怒りを買った。事業団は、改ざんした報告書、事故直後の映像の修整、従業員への箝口令《かんこうれい》などで隠蔽《いんぺい》を試みた。一九六六年一〇月五日に炉心の一部がメルトダウンを起こした事故で知られるミシガン州モンロー郡フェルミ原発1号炉でも、二〇〇八年にナトリウム火災とトリチウムの漏れが発生する事故があった。驚くべきことにこの原子炉は、一九七二年に運転中止されていた。このフェルミ1号炉のような事故は、廃炉による事故である。メルトダウンの事実は、ジョン・G・フラーが著書『We Almost Lost Detroit（我々はデトロイトを失うところであった）』を発表するまで一〇年近く明るみにされなかった。

●再処理施設事故

一九九七年三月一一日、日本の東海再処理施設で三七名の作業員が放射線被曝する事故が起きた。アメリカでは、一九六六～七二年に稼働していたニューヨーク州バッファローのウェストバレーにある商用および軍用再処理施設で、火災、漏洩、一年間以上は再処理作業を行えないほどの作業員の被曝などの事故があった。施設の除染にかかった費用は一〇〇億～二七〇億ドルである。除染しなければ、エリー湖とオンタリオ湖まで汚染は浸食したであろう。

●不慮の臨界事故

フェルミ2号炉は、福島第一と同様GE設計のマークI沸騰水型原子炉であるが、その大きさは世界最大で、福島第一の1号機と2号機を合わせたほどの容量がある。2号炉は一九八五年、不慮の臨界事故を起こした。「Don't Waste Michigan（ミシガンを無駄にするな）」という団体のマイケル・キーガンは、この事故を明るみに出し、稼働許可が下りなかったためこの原子炉は三年間運転を停止した。幸運にも被害者は出なかった。

一九九九年六月一八日、日本の石川県にある志賀原子力発電所1号機で、作業員が点検中に緊急制御棒を引き抜く事故が起きた。本来は一本の制御棒を原子炉に挿入するところ、誤操作により三本とも引き抜いてしまったのだ。それから一五分の間、原子炉は危険な臨界状態にあった。この事故は隠蔽されて、二〇〇七年三月一五日まで明らかにされなかった。次により深刻な東海村原子力事故――死者が出た不慮の臨界事故――が起きたのは、一九九九年九月三〇日である。事故は、三名の作業員が実験用高速増殖炉の燃料を製造中に起きた。この事故で二名の作業員が死亡、何百という作業員と近隣住民が年間被曝線量限度を超える放射線被曝を受けた。

●隠蔽

一九八九年、原子力発電所の蒸気管に入ったひびが映っている映像を編集するよう東京電力が従業員に指示していたことが二〇〇二年になって露顕した。二〇〇二年八月、役員が点検記録を改ざんし、一三基の原子炉の炉心隔壁などに見つかったひびを隠そうとしたスキャンダルが世間に広まると、東電は一七基の原子炉すべての一時的運転中止を余儀なくされ、幹部五名が辞任に追いこまれた。にもかかわらず、東電には原子炉再稼働の許可が下りた。日本の組織〈グリーン・アクション〉のアイリーン・美緒子・スミスによれば、一九九九年にも日本の反核運動団体によって明るみに出た隠蔽があるという。英国核燃料会社から日本に到着したMOX燃料の品質保証書類が改ざんされていたため、日本でプルトニウム燃料の装填が遅れたとのことだ。不運にも最初に到着したMOX燃料は福島第一原発の3号機に装填された。三・一一の惨事の半年前だ。3号機の爆発規模は最大であった。

アメリカでは二〇〇二年、オハイオ州デービス・ベッセ原子力発電所において、原子炉の上蓋が腐食して穴が開いていた事件が隠蔽された。厚さ約一八センチの炭素鋼の上蓋に、四ミリ強の裂け目が生じていたのだ。映像は原子力規制委員会（ＮＲＣ）が見る前に編集されたが、ＮＲＣはホウ酸結晶が溶岩のように噴き出し、上蓋が錆びている証拠写真を持っていた。にもかかわらず、規制措置は取られなかった。

大惨事寸前の事態が隠蔽された陰には、すべて元ＮＲＣ委員長のリチャード・メザーブの存在がある。ＮＲＣの下級検査官は、点検を行うため運転停止を求めたが、メザーブをはじめ上層幹部らは継続稼働を許可した。統括検査官室はのちに、ＮＲＣは市民の安全よりも企業利潤を優先したと報告した。メザーブはその後まもなく辞任したが、今でも原子力の安全性について講演を求められており、東京へも招聘されている。彼は長年にわたって多数の法律や科学分野の組織に籍を置き、そのなかにはアメリカ科学アカデミー（ＮＡＳ）やアメリカ技術アカデミー（ＮＡＥ）が設立した組織も含まれる。また、原子力に反対する団体ビヨンド・ニュークリアは、メザーブがふたつの公益営利企業――カリフォルニア州のディアブロ・キャニオン発電所を運営するパシフィック・ガス・アンド・エレクトリック・カンパニーと、テキサス州のコマンチピーク発電所を運営するルミナント――

の取締役会に名を連ねているとの内通を受けて、核施設の近隣住民の発がんリスクを評価する委員会からメザーブを追放することに成功した。

●蒸気噴出

二〇〇四年の長崎の原爆投下記念日に、福井県の美浜発電所3号機で、蒸気噴出事故により四名の作業員が命を落とした（※のちにひとり死亡し、犠牲者は五名となった）。事故後の調査で日本の原発における検査マニュアルに重大な落ち度があることが発覚した。

バージニア州サリー原子力発電所では、一九七二年と一九八六年に事故があった。最初の事故の犠牲者は二名、その後の事故では四名が亡くなった――この被害者数は、アメリカの発電所での即死事故では最多である。さらにサリー原発は、さまざまな種類のドライキャスク保管の実験を行うことで悪名が高い。熱伝導性の悪いガスが、密閉したキャスクの一カ所ないし二カ所から漏出する。完全な密閉が保てないため酸素がキャスク内に入りこみ、廃棄物が加熱され、放射性核燃料内部の腐食や劣化を招く。

●非致死性放射性蒸気放出

福島第一で放射性蒸気放出が起きたのち、とりわけ物議を醸したのは、二〇一二年一月、南カリフォルニアにあるサンオノフレ発電所で蒸気発生管の不具合から放射性蒸気が放出された事故である。事故により二基が運転停止となり、六億七一〇〇万ドルかけて新しくしたばかりの蒸気発生器に、広域に及ぶ危険な管の劣化が見つかった。不良品を設計・製造した日本の三菱重工業の責任である。二〇一三年六月、運営者のサザンカリフォルニアエジソンは原子炉二基の廃炉を発表した。この失態の被害額は何十億ドルにものぼり、誰が負担するかが法的に争われている。

●地震

二〇〇七年七月一六日、マグニチュード六・八の大きい地震が、東京電力の運営する柏崎刈羽原子力発電所のある地域を襲った。放射能を帯びた水が日本海に流れ出し、変圧器は燃え、放射性廃棄物コンテナはぶつかり合いひっくり返った。七基の原子炉を備えたこの発電所は原発として世界最大である。二〇一一年三月一一日までに何基かの原子炉は運転再開していたが、震災後すぐにまたすべて運転が中止され、現在も停止したままである。地元住民の抵抗と、これまでに例を見ないほど頻繁に、時に何百から何千の人々が参加する大規模な抗議行動が見られるほど急激に進展した反核運動の賜物だ。しかし危険を顧みず、安倍首相は再稼働を訴え続けている。

エンタジーが運営するニューヨーク州ブキャナンのインディアン・ポイント原子力発電所は、建設後ずいぶん経ってから、断層線のすぐそばに建っていることがわかった。二〇〇八年に断層線の存在を発見したのは、コロンビア大学の地震学者だ。耐震構造ではないこの発電所を、ＮＲＣは全米でもっとも地震に対して弱いと認めざるを得なかった。カリフォルニア州のディアブロ・キャニオン原子力発電所も地震に対して脆弱だが、サンアンドレアス断層に近いことをエンジニアらが認識していたためやや頑丈に造られている。しかし近年、これまで見つかっていなかった断層がディアブロ・キャニオン近くで発見された。

●原子炉圧力容器脆化

他にも、特に加圧水型原子炉が直面している危険として、約二〇センチの厚みがある圧力容器が、長年の中性子照射により脆化している問題が挙げられる。金属に含まれる不純物がひび割れを起こし、それが連なって金属の展延性が低下する。もしメルトダウン回避のため、最終手段として緊急炉心冷却システムが作動すると、温度低下の熱衝撃と高い圧力で、冷水に熱いガラスを入れたような状況になり、容器が壊れる可能性がある。容器が壊れると、炉心冷却ができず取り返しのつかない事態となる。他に炉心のメルトダウンを止める方法はないからだ。九州・佐賀県にある玄海原子力発電所の1号機とミシガン州にあるエンタジー運営のパリセード原子力発電所の圧力容器には、日米それぞれで最悪の脆化が認められる。

●放射性廃棄物漏洩

現在、単独の発電所でもっとも多量の放射性廃棄物漏洩の危険があるのは、福島第一の4号機である。二〇一一年三月、水素爆発により原子炉建屋がひどく損傷し、倒壊のおそれがある。もし倒壊すれば、貯蔵プールにある数百という核燃料集合体により放射能地獄が起こるだろう。放出される放射性物質の量は、現在すでに外界に漏れている量の比ではない。アメリカの高レベル放射性廃棄物貯蔵プールには、福島第一の4号機から出る量の何倍も多く入れることできるが、それは何の救いにもならない。なぜなら日本同様、貯蔵プールの格納構造は頑丈とは言えず、高レベル放射性廃棄物が発火し、アメリカに惨事をもたらし得るからである。

高レベルの廃棄物漏洩《ろうえい》は、過去にアメリカでも起きている。エネルギー省は、ワシントン州とオレゴン州の境界を流れるコロンビア川に、六個の地下貯蔵タンク内の高レベル放射性汚染水と汚泥が、年間四キロリットル近く流出していることを明かした。廃棄物は、軍による再処理と冷戦で使用された武器庫から出たものである。ハンフォード核施設には、一七七基のタンクに二〇万キロリットルの高レベル放射性廃棄汚染水が入っている。一七七基のうち一四九基は一重構造で、漏洩が起きれば汚染水は直接環境に流れ出る。残りのタンクは二重構造であるが、漏洩はすでに始まっている。ハンフォード核施設にある放射性廃棄物は、最新式の二重構造タンクへ移すべきである。高レベル放射性廃棄物の安定した長期貯蔵のためには、まず汚染水と汚泥をガラス化（棒状ガラスへの固形化）しなくてはならない。

商用発電所でも、高レベル放射性廃棄物から出るトリチウムや危険な放射性核種の漏洩が確認されており、その量は驚くべき速さで増えている。以下に挙げるのは、土壌、地下水および地上水への漏洩が確認されている貯蔵プールのある発電所である。ジョージア州ハッチ、ニューヨーク州インディアン・ポイント、アリゾナ州パロ・ベルデ、ニュージャージー州サレム、ニューヨーク州ブルックヘブン国立研究所の高中性子束ビーム炉、バージニア州BWXテクノロジーズ、カリフォルニア州サンオノフレ、ニューハンプシャー州シーブルック、テネシー州ワッツバー。

ＮＲＣは、アメリカ国内で高レベル放射性廃棄物貯蔵プールからのさらなる漏洩を認めたが、「漏れた水は、プール内の漏洩水貯蔵システムにためられている」と主張した。このようなプールがあるのは、フロリダ州クリスタルリバー、オハイオ州デービス・ベッセ、カリフォルニア州ディアブロ・キャニオン、アイオワ州のデュエインアーノルドと、ニュージャージー州ホープクリークである。

二〇一〇年にビヨンド・ニュークリアのポール・ガンターが発表した報告書『Leak First, Fix Later（漏れてから直す）』によれば、稼働中のほとんどの原子炉から土壌、地下水および地上水への漏洩が報告されている。ビヨンド・ニュークリアの報告書『アメリカ原子力発電所における放射性物質の定期的放出』では、原子炉を含めウラン燃料サイクルのあらゆる段階で、空気中や水中への〝定期的〟な放出が〝容認されている〟問題について言及している。浴びる放射線量がいくら低かったとしても〝容認〟や〝許可〟を〝安全〟と混同すべきではない。放射線曝露により発がんの危険性は高まり、リスクは生涯を通して蓄積されていく。NASは何十年も前から複数の報告書でこの事実を裏づけている。

放射性廃棄物問題の解決策は誤りに満ちている。唯一正しい解決策は、まず放射性廃棄物をこれ以上増やさないことである。日本ではすべての原子炉——福井県の大飯原子力発電所を除く（※二〇一五年一月現在は稼働停止中）——の再稼働が阻止されており、しばらくの間放射性廃棄物が増えることはない。アメリカで原子炉の運転が中止されているのは、ウィスコンシン州ケワニー、フロリダ州クリスタルリバー、カリフォルニア州サンオノフレの2号機と3号機である。二〇一四年末バーモントヤンキーも停止されると発表されている（※二〇一四年一二月二九日に運転停止）。つまり、これらの発電所からはこれ以上新しい高レベル放射性廃棄物が出ない。アメリカでの原子炉運転停止は一五年ぶりであり、粘り強い核反対運動の成果であろう。

すでに出てしまっている高レベル放射性廃棄物について、アメリカの環境団体は、保管地の強化を求めている。危険と見られる貯蔵プールを一時的に空にし、ドライキャスクの性能を向上させるのだ。テロの可能性に備えて放射性廃棄物を守り、長期にわたる放射線漏洩を避けるためだ。強化の狙いはまた、再処理を含む不必要な一時保管のリスク増加を避ける点にある。

一方で、アメリカの原子力産業界は納税者に高レベル放射性廃棄物の責任を押しつけようとしている。アメリカ上院議員のロン・ワイデン（オレゴン州・民主党）、ダイアン・ファインシュタイン（カリフォルニア州・民主党）、ラマー・アレクサンダー（テネシー州・共和党）、リサ・マーカウスキー（アラスカ州・共和党）とアンガス・キング（メーン州・独立）――およびエネルギー省とブルーリボンコミッション（※原子力の未来について検討するため設置された、学識経験者からなる委員会）――は、二〇二一年までに〝一時的保管の調整〟を申し立てている。全米の多くの州で放射性核燃料がトラック、列車、貨物船などで運ばれ、その危険性は前例がないほど高くなっている。

エネルギー省が提案し、オバマ政権が賢明にも棄却したユッカマウンテン処分場への廃棄案には、オイスタークリークの原子炉から高レベル放射線廃棄物の入った一一一個の容器を船でジャージーショアへ運び、スターテン島を通過し、ニューアークまで輸送するという計画があった。高レベル放射線廃棄物を載せた五八隻の輸送船が、ハドソン川をインディアン・ポイントからジャージーシティまで、マンハッタン付近を通って航行することになる。また、コネチカット州からニューヘブンまでロングアイランド湾を四二隻が航行することも意味する。

サウスカロライナ州のサバンナリバー・サイトとニューメキシコ州の核廃棄物隔離試験施設――すでに軍の放射性汚染廃棄物と投棄物が放置されている――は、商用核燃料廃棄物処分場の有力候補として挙げられていた。ネイティブ・アメリカンの保留地も候補として挙げられていたのは、放射能問題を介した人種差別の明らかな例である。シカゴの南西に位置するイリノイ州モーリスのドレスデン原子力発電所も候補に挙げられる可能性があった。しかし、ドレスデンの三基の原子炉にはすでに三〇〇〇トンの放射性核燃料が貯蔵されているうえ、GEと日立が運営するモーリス貯蔵プール――設計不良により一度も運転されなかった再処理施設――が目と鼻の先にある。

もしサバンナリバー・サイトに放射性核燃料が集められれば、再処理はずっと簡単になる。しかしこれまで全米の幅広い層のさまざまな団体が再処理再開の動きを食い止めている。核兵器増殖や環境への影響の危険性、法外な費用などがその理由だ。田窪雅文氏や勝田忠広博士のような日本の研究家や活動家は、ドライキャスク保管など再処理に代わる方法を求めている。

アメリカにも日本にも、マークⅠ型およびⅡ型の原子炉がある。双方ＧＥ製で、恐るべき設計上の欠陥をはらんだ沸騰水型原子炉だ。経費削減を目指して造られた格納容器が小さいうえに脆いことは、福島第一の事故で証明されている。多くの人々が長年にわたってその欠陥を指摘してきた。一九七二年にＡＥＣの安全管理者であったスティーブン・ハナウアー、一九七六年に警鐘を鳴らし「ＧＥスリー」と呼ばれたグレゴリー・Ｃ・マイナー、リチャード・Ｂ・ハバード、デール・Ｇ・ブライデンボーの三名、一九八六年にＮＲＣの安全管理部門幹部であったハロルド・デントンらがその例である。しかし今でもアメリカ国内では、二三基のマークⅠ型と八基のマークⅡ類似型の原子炉が稼働している。

メルトダウンが起きる前にこうした原子炉は停止すべきだ。日本政府と電力産業が癒着してメルトダウンを隠蔽しようとした事実は、福島で起きた惨事の原因調査を行った日本の国会事故調査委員会が明らかにした。アメリカにも原子力産業、ＮＲＣ、公選議員という似た図式の癒着が存在する。ペンシルバニア州のハリスバーグに住み、長く核施設を監視してきたジーン・スティルプは一九九九年、ミシガンで行われた反核抗議集会に参加した。旗にはこう書かれていた。**〝スリーマイル島、チェルノブイリ、次はどこ?〟答えはもちろん福島である。**

第 15 章

福島の事故後の食品監視

Post-Fukushima Food Monitering

「放射線に安全なレベルなどない。
セシウム134とセシウム137は、
我々が作り出した自然界には
存在しない物質なのだ。」
——シンディ・フォルカース *Cindy Folkers*

食糧に蓄積する放射性物質

福島で放出された放射性物質はアメリカに直接届いた。これにはヨウ素131、セシウム134、セシウム137などの放射性同位体が含まれる。ヨウ素131の半減期は八日間であるため、事故後すぐの数カ月間、健康を害する懸念が続いた。新たな曝露の危険性はないものの、事故後早期にヨウ素131への曝露があった人々は、数年後に発現する可能性のある甲状腺疾患などの発病を監視したほうがよい。セシウム134の半減期は約二年、セシウム137は約三〇年である。数十年（セシウム134）から数百年（セシウム137）にわたって、健康被害を及ぼし得る。将来的に、長い時間をかけてセシウムが環境中でどのように蓄積し、生物濃縮して、私たちの食糧供給にかかわっていくのかを考える必要がある。

放射性物質の種類によっては、体外にあるよりも、吸いこんだり体内に取りこんだりした際に大きな健康被害をもたらす。私たちの体内にはこうした放射線を防御する機能がないからだ。ベクレルという単位で表される壊変、すなわち〝ヒット〟はダメージを与え発病の原因となり得る。ある種の放射線は簡単に止まってしまうため、この種の放射性核種のみが食品に含まれている場合、それを計測するには困難を伴う。

一般に、ガンマ線は計測が容易であるとされている。リンゴの果肉でも魚でも物質内をたやすく透過してしまうためである。よって食品サンプルの準備が少なくてすむため、ガンマ線がテストに用いられる。

放射性核種セシウム１３７はガンマ線を放出しているので、もっとも普通に計測される。セシウムのガンマ線が検出されなかったとしても、懸念されるストロンチウム90やプルトニウム２３９などを含んでいないとは限らない。事実、福島では放射性物質の放出が続いており、セシウムの他にもストロンチウム90のような放射性同位体が大量に放たれて海産物をおびやかすと専門家が危惧している。よって、ガンマ線のみを調べるのでは深刻な限界があるが、食品検査プログラムの起点としては理にかなっている。

不十分なアメリカの食品検査

セシウムによる汚染を生み出しているのは福島だけではない。我々は何世代にもわたって、いろいろな方法で人間が作り出した放射性物質に晒されている。世界各地で爆発した原子爆弾により放出されたセシウムの量は九五四ペタ（＝九五・四京）ベクレルである。その間にも稼働する原子炉から空気中や水中に放射性同位体が流出している。事故が起きなくてもこれらの物質は多量に放出される。アメリカ国内の原子炉から出るセシウム１３７とセシウム１３４の総量は不明であるが、算出しなくてはいけない。その基礎となる流出量や放出量のデータは独立した組織ではなく、原子力産業によって集められた疑わしいものかもしれないが。

チェルノブイリで放出されたセシウム１３７は八五ペタ（＝八・五京）ベクレルであったが、出所によって二六ペタベクレルもの誤差があった。東京電力の報道発表によると、福島で空気や海中に放出された希ガスの量は五〇〇ペタ（＝五〇京）ベクレルである。一方で、壊れた原子炉からの高濃度汚染水の流出はとどまる気配を見せるどころか、実際のところストロンチウム90などは放出量が増えている。当初、東電は福島の放出量を低く見積もっていた。そして、今でも信憑性のある情報を提供している確証はない。これらの発表からは依然として東電が状況を掌握している兆しは見えず、アメリカの元原子力担当職員から汚染水は太平洋に捨ててしまえとけしかけられる始末である。

食品検査プログラムは数多くある。ヴァイタルチョイスとエデン（※いずれもアメリカの自然食品販売会社）は自費で食品検査を依頼した民間企業だ。カリフォルニア大学バークレー校の原子力技術部で、カリフォルニア産の食品一一五種類の検査を行った。食品のほとんどは二〇一一年に採取された。アメリカの食品医薬品局（ＦＤＡ）、環境保護庁（ＥＰＡ）およびエネルギー省が食品の監視を行い、海洋大気庁はカリフォルニア太平洋岸への速い海流である黒潮に汚染水が到達していないか注意深く見守っている。海洋大気庁はまた、カリフォルニア沿岸の海水と堆積物の検査も開始する予定である。大学や学界による調査には限界があるが、続行には資金が必要である。

これらのプログラムにはいくつもの欠点がある。ほとんどのサンプルはガンマ放射線核種しか調べていない。福島からの放射線放出は続いており、汚染は固着しつつあるのに、検査の削減は深刻だ。福島での惨事が始まったとき、アメリカにある放射線モニター（ラドネット）の二〇パーセントは故障していたため、ＥＰＡは総括監察官から非難を浴びた。さらに、食品の一部をその都度検査するやり方では、汚染や生物蓄積の実像が見えてこないうえ、放射線源の特定もしにくい。

言い換えれば、アメリカの食品検査は不十分なのだ。国が定める一キログラムあたり一二〇〇ベクレルというセシウム量の制限は、高すぎるうえ拘束力を持たず、よっていかなるレベルのセシウム汚染があったとしても、措置を取るか否かはＦＤＡの裁量に任されている。これでは基準や制限をまったく設けていないのと大差ない。日本の定めるセシウム量の制限は一キログラムあたり一〇〇ベクレル。つまり、日本で汚染しているとみなされた食品でもアメリカに輸出することができるのだ。アメリカの子供たちが、日本の子供たちよりも一二倍汚染された放射性毒物を口にすることが許されているのはなぜだろう。

福島の事故後、最初に放射性物質が放出されたとき、カリフォルニア産の昆布から検出された放射性ヨウ素の量は事故前よりもはるかに高かった。セシウムの量が計測されなかったのは残念だ。昆布は魚が食べる餌でもあり、この汚染が魚の体内に蓄積される不安があるためだ。

カリフォルニアでは、牧草一キログラムあたり一四ベクレルのセシウム１３４とセシウム１３７が検出された。昆布同様、牧草も食物連鎖の起点であり、畜牛にセシウムが蓄積しているおそれがある。バークレー校の監視サイトはこう述べている。〝時間依存性の食物連鎖を調べるには、草や土壌を調べるべきである〟

カリフォルニアで収穫され、日本のスーパーマーケットへ輸出されたピスタチオを検査したところ、一キログラムあたり一八ベクレルのセシウム１３４とセシウム１３７が検出された。日本産の牛肉がいったんは検査で合格し、販売されたが、のちに回収された。しかし回収が行われたのは、日本で児童たちが食べてからであった。この牛肉のセシウム含有量は一キログラムあたり六五〇～二三〇〇ベクレルで、アメリカでは販売可能である。一キログラムあたり二三〇〇ベクレルだとすればFDAの定める上限を超えているが、拘束力を持たないためFDAは特に措置をとらない選択もでき、回収にはならない可能性もある。また、日本からフランスへ輸出された一六二キログラムの緑茶に、一キログラムあたり一〇三八ベクレルのセシウムが検出され拒否されたが、アメリカはこれを受け入れる可能性がある。

セシウム134とセシウム137をためこんだクロマグロが、太平洋を泳いでカリフォルニア沿岸にたどり着く。カナダの定めるセシウム量の制限は、一キログラムあたり一〇〇〇ベクレルであり、カナダは日本から高度に汚染された魚が輸出されてくることを懸念していると報道が伝えた――アメリカは同じ心配をしなくてよいのだろうか。海洋生物研究者は、二〇一一年よりもむしろ二〇一二年に高い汚染が見られると憂慮しているが、これは生物濃縮されるセシウムの傾向と一致する。さらなる検査が必要であり、数年ではなく長期的に継続して行うことを考えるべきだ。

最近行われた日本での検査で、ブルガリアで収穫された野生のブルーベリーで作られ、イタリアから輸入したブルーベリージャムから、日本の制限値である一キログラムあたり一〇〇ベクレルを超えた一四〇〜一六〇ベクレルのセシウムが検出された。この汚染は、チェルノブイリの核爆発に原因すると考えられており、放射性汚染の源が点在しており、福島だけではないことを示している。検査主体ではない新聞社がこれをとりあげ、日本政府はこの製品を回収すべきと公に圧力をかけたが、この製品はおそらく続行して販売されている（※実際は区の指導により輸入業者が回収した）。また、このブランドの製品はオーガニックと銘打たれたラベルつきでアメリカでも販売されている。オーガニック製品のような高品質の製品を子供たちに食べさせようとしているアメリカの親たちは皮肉にも、無意識のうちに放射能汚染された食べ物を与えていることになる。

何世代にもわたる放射線被害

我々は汚染レベルをどうとらえるべきだろうか？　一キログラムあたり一二〇〇ベクレルという基準は何を意味するのだろう？　心に留めてほしいことがふたつある。**放射線に**

安全なレベルなどないということと、セシウム１３４とセシウム１３７は、我々が作り出した自然界には存在しない物質であるということだ。国際放射線防護委員会（ＩＣＲＰ）は、人間がどのくらいの放射線被曝に耐えられるかを示し、政府は基準を設ける際にこれを参考にする。しかし、ごく少量のセシウムであったとしても定期的に摂取すれば予期しない量が体内に蓄積される。セシウム１３７を一日一〇ベクレルずつ摂取すると、三年後体内に蓄積される量は一四〇〇ベクレルにもなる（※体外排出があるため、単純に日数倍にはならない）。体重が三〇キログラムの子供であれば、体重一キログラムあたり五〇ベクレルのセシウム１３７が蓄積される計算になる。チェルノブイリの事故後調査で、体重一キログラムあたり一〇～三〇ベクレルのセシウム体内蓄積が見られる子供たちは心臓機能に異常があることがわかった。体重一キログラムあたり五〇ベクレルの蓄積があると、回復不能な心筋疾患の発現が見られた。他にも低いレベルの蓄積が見られた人には、ホルモン分泌量の不均衡、狭心症、糖尿病および高血圧などの発現が確認された。

これらの疾患に加え、セシウムは体内に入ると、放射線が腎臓や膀胱に影響を及ぼし、セシウムを排出する機能を阻害する。時間をかけて慢性摂取すれば体内のセシウム総量は増えていくと解釈できる。

アメリカの定めるセシウム量の制限値の高さは、公的方針として人々に放射線量の高い食品を受け入れることを助長している。ＩＣＲＰは報告書『原子力事故および放射性緊急事態における長期的汚染地の住民の保護についての委員会の方針の申請』において、〝汚染された食品を市場から排除すると農業経済を維持できない状況となるおそれがある。こうした食品が市場原理の対象となる際には、汚染区域外の消費者からの否定的な反応を打開すべく、効果的なコミュニケーション戦略が不可欠となる〟と記した。ＩＣＲＰの方針には、どの食品が適正であるかを消費者が決める基準となる汚染レベルを公式に報告することは含まれていない。代わりに、人間が作り出した放射線は少量であれば無害であると訴えかけている。

フクシマ・フォールアウト・アウェアネス・ネットワーク（ＦＦＡＮ）の一員としてのグループと連携している我々ビヨンド・ニュークリアでは、ＦＤＡに対し、セシウム134ないしはセシウム137の安全基準を、現行の拘束力のない一キログラムあたり一二〇〇ベクレルから拘束力を持つ一キログラムあたり五ベクレルに下げるよう申し出ている。一キログラムあたり五ベクレルという数値は、核戦争防止国際医師会議（ＩＰＰＮＷ）が報告書『放射線による致死率の算出：欧州連合と日本における放射線汚染食品の公的許容限度』内で推奨している値に近い。興味深いのは、このふたつの団体がそれぞれ異なった評価方法を用いて数値を算出した点である。

さらに我々は、広範囲に食品テストを実施すること、そしてどんな程度のセシウム汚染が検出されても公に発表し、記録することを求めている。こうしたデータベースが適切に構築されれば、環境下でのセシウムの流動性や生物蓄積の調査に役立つ。消費者にとっても研究者にとっても有益な情報だ。ＦＤＡへの請願手続きは一年あるいはそれ以上かかることもあり、現段階では手続きの途上である。その間にも、アメリカやカナダでは団体に属さない市民たちによる監視の試みが数多く行われている。今のところ、公的機関の怠慢に業を煮やした人々の取り組みの寄せ集めにしかすぎないが、我々は科学的に厳密な、統一された仕組みを作ろうとしているところだ。食品の安全性を守るためには、どの食品の汚染が少ない、あるいは汚染されていないかを知ることが必要だからだ。

二〇一三年、アメリカ医師会は国内で消費される海産物について、人工由来の放射性物質の量を計測するよう求めた。しかし、ＦＤＡの定めたセシウムの基準値で測ったのではまた同じ問いに逆戻りしてしまう。なぜアメリカの子供たちが、日本の子供たちよりも一二倍汚染された放射性の毒物を口にすることが許されているのか？　この制限は原子力産業に都合のよい数値に設定されており、明らかに他の問題を度外視している。

私が食品に含まれるセシウム汚染の限界値を調べ始めたとき、一キログラムあたり五ベクレルという基準が推奨された。みずからの調査を通しても、この数値に達した。これは一見低いようだが、理にかなっている。セシウムは自然の過程において環境内で凝縮され生物濃縮するからだ。人類は何世代にもわたって、放出されたセシウムに曝露しているが、数世代にも及ぶ被害が起きているかもしれないという実態を知らない。ベラルーシの調査では、子供たちへのダメージはきわめて低いレベルでも起こることが発表された。ＩＣＲＰは、セシウムは少量でも体内で生物濃縮され、潜在的被害レベルが上がっていることを認めた。

食品のセシウム含有量の公的な情報は乏しく、これまでの、そして現在の放出量に関して信憑性のある推量値は存在しない。未知の部分が心配である。もはやどの事故や継続的放出に汚染の責任があるかは問題ではない。問題なのは放射性汚染の総計と、何世代にもわたる放射線による被害である。

第 16 章

原子力時代におけるジェンダー問題

Gender Matters in the Atomic Age

「原子力災害に始まりはあるが、
終わりはない。核燃料サイクルに
組みこまれた産業施設の
いずれもが、廃棄物や汚染物質を
生み出しているからだ。」

——メアリー・オルソン *Mary Olson*

原子力災害に始まりはあるが、終わりはない。社会的責任を果たすための医師団（ＰＳＲ）が説明するところによると、予防だけが唯一の解決法ということになる。我々は社会全体で一丸となり、予防と事前対策を指針として行動を起こしていく必要がある。そのためには、もっと多くの女性がかかわりを持たなくてはならない。

私は講演を行っているが、四年ほど前から女性の聴衆にこんな質問を受けるようになった。男性よりも女性のほうが放射線の影響を受けやすいのはどのような点か？　この分野を一八年研究していたのに答えを知らなかった私は、恩師のひとりで今は亡きロザリー・バーテル博士に電話をかけた。彼女が最初に紹介してくれた報告書は絶版になっていたので、アメリカ科学アカデミー（ＮＡＳ）が発表した『低線量電離放射線の被曝が健康に及ぼす影響：電離放射線の生物学的影響に関する委員会第七報告書フェーズ２（二〇〇六年）』（ＢＥＩＲ—Ⅶ）を勧めてくれた。この報告書のデータを分析してみると、一生涯で考えたとき、被曝した女性は同じ量の放射線を浴びた男性よりも（がんや不治のがんで比較すると）四〇から六〇パーセント発がんリスクが高いことがわかった。つまり、男性ふたりの発病に対し、女性は三人ががんにかかる。男性も発病するが、もっと多くの女性が発病する。博士が予想していたとおり、報告書はこの発症率の違いに触れていなかった。

放射線によって受ける被害は年齢によって異なる。初期の生殖細胞と胎芽は非常に影響を受けやすいことがわかっている。胎児や子供の細胞は大人の細胞よりも分裂が速い。アリス・スチュワート博士は、高齢者の修復メカニズムが若者ほど機能していない可能性に着目し、高齢になると被曝に対する危険性が増すことをつきとめた。遺伝子型のなかには放射線によってがんになりやすいものがある。こういった、放射線の影響を受けやすいものの一覧に、今や女性という項目を加えなければならない。女性は年少者も大人も関係なく、電離放射線に対する抵抗力が低い。放射線の種類、被曝量、被曝時間とともに、どんな人が被曝したかがきわめて重要である。

放射線は目に見えないが、放射線の被害は目に見える。実際、放射線によるやけどは一目瞭然だ。顕微鏡を使えば放射線による染色体異常やプルトニウムによる組織の損傷も確認できる。放射線がＤＮＡにどのような損傷を与え得るのか、化学分析によって復元されたかたちで見ることができる。

放射線に安全な被曝量はない。ひとつの細胞がたった一度、微量の放射線を浴びただけで致死性のがんを引き起こす。われわれの体には信じられないような修復メカニズムが備わっているので毎回そうなるわけではないが、少なすぎて計測できないほどの量の被曝が、胎芽や胎児を失い、大人を死にいたらしめる原因となり得る。

アメリカ環境保護庁（ＥＰＡ）の飲料水安全基準によると、この程度なら安全という放射線量は存在しない。この事実を考慮して、アメリカ原子力規制委員会（ＮＲＣ）規程の連邦規則集第一〇章二〇項と、「食品中の汚染物質を合理的に達成可能な範囲でできるだけ低くすべきであるという方針」が定められている。これは前述の報告書、ＢＥＩＲ―Ⅶの結論でもある。バーテル博士はかつてこう言った。「ダメージを与えない放射線被曝などない。一〇〇パーセントの確率で細胞に損傷を与える。となると次の論点は、どのダメージに着目するかということだ」

放射線の影響が一般論として論じられる場合、男性が基準とされる。最初の基準は医学界が医師用に設けたものだ。その後、マンハッタン計画で放射線区域に送りこまれた軍関係者や軍人を監督する〝保健物理学〟が作られる。こうした基準は立ち入りが制限された区域に配属された若くて健康な男性のためのもので、当時は対象者がほとんどいなかった。放射線被曝の基準は、いつ誰でも、どんな場所にもあてはまるように作られてはいない。影響のばらつきを考慮していないため、女性への被害を根本的に軽んじる結果となっている。人口の約半数を女性が占めることを考えると、一般の住民に与える被害全体を過小評価していることになる。

放射線関連産業の拡大とともに、被曝基準も広く知られるところとなった。説明でよく使われるのが、一般的な総被曝量の五分の一が人工物から発生する放射線によるという驚愕の事実だ。これは一九世紀末に放射能が発見される前の自然レベルに比べ、実質的に増加した被曝のうち、かなりの割合を占めていることになる。核エネルギーによる被曝の懸念を払拭する際にしばしば表が使われるが、電離放射線の被曝がこの一〇〇年で全体として平均二五パーセント増えていることを忘れてはならない。もし他の環境要因、気温の上昇や降水量の増加でこれだけの劇的な変化が起こったら、間違いなく生命体に影響を与えるだろう。

女性に及ぼす放射線の害が適切に評価されていないことを最初に公表したのは、世界保健機関（ＷＨＯ）だった。『線量評価（暫定値）に基づく東日本大震災における原発事故による健康リスク調査』と呼ばれるこの報告書は、欠陥はあるものの、男性と女性とで放射線が与える影響が異なる点を認めている。ＷＨＯは被曝者が五歳以下の少女の場合、がんにかかる確率が七〇パーセント高まると指摘している。

性別が放射線被害の要因となる理由については、どの研究でもいまだ結論は出ていない。バーテル博士は、生殖腺と乳腺の組織が放射線の影響を受けやすいことから、女性のほうが体に占める生殖組織の割合が高いからではないかという仮説を立てた。

性別の差が被曝の結果にもっとも顕著に表れた〇歳から五歳までのグループでは、生活様式や時間の過ごし方といった他の要因の影響はほとんど見られない。

すべての放射性物質が高放射線量や被曝をもたらすわけではない。だが今のところ、放射能の被害を表す公式推計値は、生体組織に影響を与える外部線量を想定して算出されている。内部被曝が外部被曝とは別ものである点を忘れてはならない。食べ物や飲み物や呼吸から取りこむ放射性物質は、X線から受ける放射線とはまったく異なる。外部からのアルファ粒子が皮膚に当たって跳ね返るのに対し、外部からのベータ粒子はほんの一センチほど皮膚に突き刺さる。もしアルファ線を放出する元素を吸引したり、摂取したりすると、体の内部から組織にぶつかるアルファ粒子による損傷はX線による（外部）被曝に比べて、細胞構造へのダメージが七倍から一〇〇〇倍になると推定される。言葉を変えれば、アルファ粒子やベータ粒子の放射線源に標的が近い場合、照射線量が極端に増えるということだ。

ＢＥＩＲ―Ⅶでは、原爆による生存者の外部被曝にしか焦点を当てていない。食べ物、水、大気に乗って運ばれた堆積物、体外からのみならず体内でも今なお続く放射線被曝といった汚染は考慮されていない。性別に基づく放射線被害の内部被曝と外部被曝の関係はいまだ解明されていないが、これはゆゆしき問題だ。なぜならチェルノブイリや福島のように徹底的に汚染された地域は数少ないにしても、核燃料サイクルに組みこまれた産業施設や採掘現場のいずれもが、地域社会に影響をもたらす廃棄物や汚染物質を生み出しているからだ。

電離放射線が女性に対し、とりわけ重大な影響を与えることは、医学、倫理、歴史、職業、政治、法律、進化論、政策、行政など多くの分野にわたって問題を提起する。いずれも取り組む価値があるが、まずは身を守り、それから研究すべきだというのが私の信念である。

第 17 章

原子力施設から放出される放射線についての疫学調査

Epidemiologic Studies of Radiation Releases from Nuclear Facilities

「研究にとっていちばん怖いのは
批判的な視点を欠くことだ。
科学界はこの点を忘れてはならない。
権威には疑問を投げかけることだ。」
——スティーヴン・ウィング *Steven Wing*

欠陥だらけのリスク評価

原子力施設から放出される放射線が健康に与える影響を測るには、ふたつの方法がある。ひとつはリスク評価で、まず一定地域の住民の被曝線量を見積もり、次に被曝のレベルごとの人数と、その被曝線量を浴びた人々の間で通常よりも増えると予想される発症数とをかけ合わせる。各線量レベルの上乗せされた症例数を合わせると、その疾病における被曝の影響値となる。

もうひとつは疫学調査で、この調査には異なる量の放射線を浴びた住民に見られる病気の調査も含まれる。放射線に起因して発症数が増すと予想される病気の総計は、将来の予測ではなく、これまでの直接観察をもとに試算される。疫学調査の実験モデルは無作為に選んだ被験者グループに放射線を当て、放射線を当てていない対照群と比較するものだが、人に電離放射線を当てる実験は倫理に反することから、放射線疫学は医療用放射線を当てられた患者、原子力産業従事者、さまざまなレベルの環境放射線が存在する地域で暮らす人々、そして核兵器によって被爆した人々の疾患発生率に焦点が当てられてきた。

世界保健機関（ＷＨＯ）は二〇一三年二月、二〇一一年三月に始まった福島第一原子力発電所の放射線漏れに関するリスク評価を発表した。その数値は前年二〇一二年五月に発表された報告書と、寿命調査（広島と長崎に投下された原爆の生存者の長期的な健康影響を観察したもの）から導き出された、放射線レベルに対応する発がんリスクをもとに、集団線量の概算を算出したものだった。けれどもこの報告書は無視している要素がいくつもあることから、完全な線量評価とは言えない。たとえば委員会は各種の放射線量――原発から二〇キロ以内のもの、職業上受けるもの、原子炉のベント（排気）によるベータ線、子宮内にいた胎児――などは考慮しないとしている。

放射線のリスク評価は、寿命調査によるところが大きい。被験者に対する追跡調査は原爆投下後五年以上経ってから行われたため、その前に命を落として調査に含まれなかった人が大勢いた。これによって放射線のリスク評価には潜在的な偏りが生じる。原爆で即時的な死をもたらした放射能が、潜伏期間のより長いがんのリスクの原因でもあるなら、放射線の影響をもっとも受けた人々は調査の開始前に亡くなったことになる。つまり寿命調査は、低い放射線量を浴びた健康被害の軽い人を対象とし、致命的な被害を受けた人は対象から除かれる。そのうえ、がんの発症率（死亡ではなく新たに診断を下された人）に関する寿命調査のモニタリングは一九五八年まで行われていない。つまり被曝から一三年以内に発症したがんはすべて評価対象からはずされている。こうした指摘は、他の調査に寿命調査のリスク評価が適用されるたびなおざりにされてきた。

寿命調査では、核爆発で生じる透過力の強いガンマ線や中性子線といった即発放射線に主眼が置かれていた。しかし、人々を被曝させたのは放射性降下物だった。爆心地でない場所に真っ先に降り注いだ、〝黒い雨〟として知られるこの降下物を浴びた人々は、低線量の即発放射線に晒されて大きな被害を受けた。寿命調査はこうした被害を調査対象としていないが、もし考慮に入れていたら、生存者のがんの発症率は上がり、放射線のリスク評価の偏りも少なかっただろう。一九六三年に大気圏内での核兵器実験を禁止する条約が調印されたのは、はるか上空で行われる実験の放射性降下物による健康被害が大いに憂慮されたためである。それでも寿命調査では、原爆の放射性降下物の影響を放射線のリスク評価に盛りこまなかったのだ。

二〇一二年一二月、放射線影響研究所が黒い雨に関する報告書を発表した。放射性降下物による被曝について問われた生存者の調査回答の分析をまとめたものだ。最初の分析では八万六六七一人の生存者のうち、およそ一万二〇〇〇人が黒い雨に晒されたと回答した。ところが、二万一〇〇〇人以上の生存者については黒い雨の被曝に関する情報がない。寿命調査上、このデータの欠測は半世紀にわたって見過ごされ、事実との隔たりを生んでいる。

放射線影響研究所は一九五〇年から二〇〇三年と、一九六二年から二〇〇三年の寿命調査における死亡率について、黒い雨に晒されたと答えた人、晒されていないと答えた人、どちらか不明と答えた人を比較して公表した。黒い雨を浴びたグループと浴びていないグループの死亡時期はどちらも似通っていた。ところが、一九五〇年から二〇〇三年で見ると、不明と答えた広島の生存者は、平均よりも二七パーセントも死亡率が高く、不明と答えた長崎の生存者は、四六パーセント死亡率が高かった。不明と答えた人の死亡率が高かったのは、主に一九五〇年から一九六二年の間だった。

放射性降下物のみならず、被曝者は爆心地付近で、中性子によって放射化した物質から放たれた種々の残留放射線を受けている。爆発直後にガンマ線の被曝レベルが上昇したのはこの理由による。爆心地周辺の人々、特に放射線を遮るものがほとんどなかった人々は、寿命調査の前に死亡した。この場合、中性子放射化による残留放射線の暴露は問題にならない。けれども、原爆投下時は爆心地から遠く離れていて、熱や突風や放射線の被害が少なかった人でも、ほとんどが親族を捜すなどして爆発直後に爆心地周辺を歩き回った。黒い雨と同様、低線量の即発ガンマ線と即発中性子を浴びた生存者（※寿命調査の対象外となっている）が、高濃度の放射線を浴びた人よりも多くの残留放射線に晒されている事実を考慮すると、寿命調査のリスク評価は低めに設定されていることになる。

一九五〇年一〇月一日に行われた追跡調査では、生存者全員が対象となった。とはいえ、一九六五年まではすべての人が被曝量を特定できるほどの面談調査を受けていなかった。これが疫学者の言う〝不死の時間〟現象を生む。つまり、爆心地付近にいた生存者の発症率を計算する際の分母を増し、低い発症率を導き出し、放射線リスクの過小評価につながる。より重要なのは、爆心地から三キロ以内にいた生存者のうち、自分の居場所や遮蔽物の有無の情報が不十分で被曝量が特定できず、調査対象から除外された人たちだ。その一方で、爆心地から三キロ以上離れていた生存者は、同様の情報不足を理由に除外された人はひとりもいない。除外された人は調査対象となった生存者に比べ、とりわけ追跡調査の早い段階でがんや白血病で亡くなる率が高かった。爆心地近くにいた生存者だけが除外され、遠方にいて被曝量が少ない生存者は除外されなかったので、放射線リスク評価は低くなっている。被曝量によって除外することで偏りを減らす従来の統計的手法は、リスク評価の補正に採用されなかった。

寿命調査はまた、被曝時に生まれていた生存者のみを対象としている。子宮内で被曝した生存者については別途調査がなされているが、対象者が少ないという理由でリスク評価における線量反応関係（※被曝した放射線量と確率的影響の関係）を発展させる役にはあまり立ってこなかった。おそらく一部にはこうした事情もあって、WHOが行った福島のリスク評価では、子宮内被曝に起因する病気を除外したのだろう。けれども一九五〇年代、アリス・スチュワート博士によって産婦人科のX線が小児がんを引き起こすと初めて証明されて以来、胎芽と胎児が低線量の放射線にとりわけ敏感なことは広く知られている。メルトダウン後の早い時期に福島第一から放出された放射線を浴びた胎児の数が、のちに被曝した人数に比べて少なかったにしても、特に影響を受けやすいこうした胎児はリスク評価に加えるべきである。

冒頭で触れたように、リスク評価は寿命調査や人口に対する線量評価などを使い、発症率が数値化されていない母集団における放射線の被害者数を割り出す。寿命調査に見られるような放射線の効果に関する偏りは、リスク評価に影響する。対照的に、寿命調査などの疫学調査は放射線と疾病との関係を直接評価する。しかし、評価は事象発生後にしかできない。

リスク評価を踏まえない疫学調査に意味はない

私は一九八八年に放射線疫学の研究を始めた。初期の核兵器製造所のひとつであるテネシー州東部のオークリッジ国立研究所で働く人の死亡率の研究を指揮することになったからだ。従業員の被曝線量の記録は、個々の線量計を用いて非常に早い段階から行われていた。放射線量はごくわずかなので、放射線の影響は表れないだろうと聞いていた。ところが実際に線量反応関係を目にして、この分野で最有力とされる学説が誤っていたことを初めて知る。従業員の名札の放射線測定値が高いほど、がんによる死亡率が高かったのだ。あり得ないと言われ続けてきたことだったが、事実は学説と異なっていた。

チェルノブイリの惨事の後も、リスク評価に関する似たようなその場限りの言い逃れは存在した。事故から五年後の一九九一年の資料に、国際原子力機関（IAEA）の声明が記録されている。「適切にまとめられた膨大な量の長期的な疫学調査の結果を用いても、プロジェクトチームが見積もった線量と、現在承認されている放射線のリスク評価から、将来的ながんの自然発症率の増加や遺伝的影響を予見するのは難しい」そのころには大量の疫学調査により、チェルノブイリの放射線漏れによるがん発症率の上昇が報告されていた。オークリッジにおける研究では、寿命調査の仮定を用いたリスク評価をもとに予測を立てた。

他にも、がんの影響はないと言われた原子力事故がある。一九七九年にスリーマイル島の原子力発電所2号炉で起きた部分的なメルトダウンだ。周辺住民の多くがペットや動物の死とともに、皮膚の発赤、むかつき、嘔吐、脱毛などの症状を訴えたが、すべてストレスによるものと片づけられた。

私はこの現象の調査に乗り出した。何千人もがかかわる訴訟だったからだ。まずはストレスの調査から始めたが、医学文献を調べても本件の報告は〝集団心因性疾患〟と呼ばれるストレスによる急性作用の筋書きにあてはまらなかった。そこで一九七五年から一九八五年の間に、この地域の病院で診察を受けたがん患者の調査データの分析をやり直してみると、メルトダウン中に放出された放射性ガスが流れた進路に沿って、肺がんと白血病の発生率が上昇したことがわかった。

調査をやり直したのは検出バイアス（※疫学で、ある症例を確認するために行う方法それ自体が結果に影響してしまうこと。被曝の症例を確認するためにCTスキャンなどを使うと、必然的に被験者の被曝量が上がってしまうなどの例がある）を除くためだ。原発事故のように広く知られている事象を調査する場合、検出バイアスは大きな問題となる。人々は早い段階で病状を訴え、報道などに影響されてより多くの診断を受ける。調査対象者は事故の発生現場の一六キロ圏内の人たちだったが、検出バイアスの影響を受けていた。

原発から繰り返し放出される放射線が健康に及ぼす影響を測定した公式推計値によれば、稼働中の原子炉付近の住民からは、いかなるがんも見つからないとされている。ところが、欧州で行われたいくつかの調査では、原子炉付近の〇歳から四歳児に高い確率で小児がんが、とりわけ白血病が発症していることがわかった。もっとも大規模なドイツの症例対照研究では、発電所の五キロ圏内で白血病発生率が倍以上となっている。けれども執筆者たちは次のように結論を下している。「ドイツの原子力発電所付近の放射線量は、医療検査で受ける年間の平均被曝量よりも少ない。よって観察されたような明確な隔たりは依然として説明がつかないままである」

こうした例によって、リスク評価を踏まえない疫学調査がいかに放射線による影響の証拠を捏造できるかがわかる。そこには三つの理由が考えられる。ひとつめの可能性は、疫学調査にバイアスがかかるという点だ。しかし、環境疫学や職業疫学、明らかにおそまつな被曝線量の測定、移住、職業研究における健康な働き手の影響などの要素は、放射線の影響を過大評価するよりも過小評価する方向に働きがちだと言える。リスク評価が疫学調査と一致しないふたつめの理由は、寿命調査に見られるような精度の低い疫学調査を採用するからだ。三つめの理由は、人が被曝する放射線量を直接測定する方法、特に環境放射線の直接測定法がほとんどないことだ。これにより、人が想定外に多くの放射線に晒されると、リスク評価は疾病の過小評価を生むことになる。

調査は完璧ではない

エネルギー産業は莫大な利益を生む。そして原子力は政府や核兵器製造会社、電力業界と真っ先に結びつく。放射線と健康の研究に対しては、金銭的な利害対立が生まれることになる。とりわけ健康被害にまつわる証拠は、労働者や国民の被曝量の低減を求める世論に拍車をかけかねないし、補償目的の被曝者から訴えられる可能性がある。たとえば、一九九〇年代に米大統領が設置した放射線被曝実験諮問委員会によって再調査された政府文書には、原子力委員会（ＡＥＣ）の生物学および医学諮問委員会の討論の様子がはっきり示されている。そこで問題になったのは、一般市民の核兵器計画に対する反発と訴訟に対する危惧だった。われわれの科学は政治的影響を受けるので、放射線のみならず、科学や市民生活に関する世間一般への啓蒙が必要だ。

福島での疫学調査にはいくつもの障害があるだろう。メルトダウンは生活環境を混乱の渦に巻きこんだが、それを誘発した地震と津波の被害もあるからだ。人々は避難し、食生活が変わり、医療制度が影響を受け、何千人もが亡くなった。総体的な被曝の観察が行われていない場合、疫学調査に欠かせない個々の被曝量の推定はいつも困難をきわめるのだが、福島のような災害においてはさらに不確かである。

被曝者もそうでない市民も、調査が完璧ではないことを知っておく必要がある。研究にとっていちばん怖いのは批判的な視点を欠くことであり、そこには自己批判も含まれる。科学界はこの点を忘れてはならない。権威には疑問を投げかけることだ。とりわけ寿命調査のような、法や公衆衛生に日々適用される研究に対しては。

公衆衛生の活動は健康を促進し、病気を防ぐ政策を推進する。その政策は平和や人権、持続可能なエコロジーや社会的公正さなど、幅広い原則に基づいている。さらには多様な身体的、生物学的、社会的メカニズムを通じて実現されるものである。数々の科学的学説と証拠をよりどころにし、その学説も特定の分野の研究から反論を受ける余地のないものだ。とはいえ公衆衛生とはむしろ、科学や倫理や政治問題を含めた世界観を発展させたものである。

公衆衛生の支持者は広く世間に向けて働きかけるので、被曝した人の疾病率の高さを裏づけない研究など、自分たちの活動を目標から遠ざける結果を無視したり否定したりするかもしれない。放射線に関係する病気を見つけた研究ならば、批判なしに受け入れるかもしれない。こうして、狭い範囲の研究を極度に重要視したり、特定の健康調査の弱点には目をつむったりと、二重基準を設けるならば、科学と公衆衛生、双方の権威をおとしめることになろう。

被曝評価と疫学調査は、産業界や政府にとって政治的に便利な代物である。彼らは放射線に晒される労働者や一般市民に対して責任を負っているが、その影響が研究段階にある限りは結果に反映させないようにできるからだ。よってこの手の調査を過度に尊重することは、公衆の利益にならない。公衆衛生の活動家は、限定的な研究結果と幅広い政策目標とを峻別することによって、初めて科学と公衆衛生、双方の分野で前進できる。

第 18 章

低レベル電離放射線の被曝によるがんの危険性

Cancer Risk from Exposure to Low Levels of Ionizing Radiation

「誰もが抱く共通認識はこうだ。
我々はこの分野で
不確かなものを扱っている。」
——ハーバート・エイブラムス *Herbert Abrams*

二〇〇六年、アメリカ科学アカデミーの電離放射線の生物学的影響に関する委員会（BEIR）は、一九七二年から続く報告書の最新版を発表した。その目的は、低レベル電離放射線の危険性を伝えることだ。報告書は放射線のリスク評価の主要な基礎資料として広く受け入れられた。

●背景

ラジウムとX線の発見から間もない二〇世紀初頭以来、放射線には二面性があるとされてきた。がんを治す一方で、がんを引き起こすからだ。大量に、あるいはほどほどに浴びるとどれほど有害かは十分に証明されてきたが、低レベル電離放射線の影響は激しい議論の的になってきた。

放射線影響研究所の前身である原爆傷害調査委員会は、広島と長崎の原爆投下を受けて一九四六年に設立され、翌年広島にも開設された。被曝による長期的な影響を文書に記録し、理解することを目的として、およそ四〇〇人の物理学者が放射線関連のさまざまなプロジェクトに取り組んだ。運営資金は日米双方の公的機関から拠出された。

この研究所は、広島と長崎の生存者一二万人の寿命調査と、二万人あまりの生存者のより詳しい成人健康調査を六七年間続けている。こうしたプロジェクトは、疫学に関する比類ない業績であり、放射線によるがんの危険性を評価するうえで説得力のある証拠を提供してくれる。寿命調査の対象となる生存者は年齢によって分けられる。一九九五年には四万四〇〇〇人の生存者がいたが、二〇二〇年には一万四〇〇〇人になると推測されている。その全員が被爆当時、二〇歳未満だった。

長期的な調査結果をおさめたデータベースの他にも、放射線影響研究所では数々の研究プロジェクトが実施されてきた。放射線の生物学的作用やその影響のメカニズムに着目した、細胞内の成分、細胞、動物、人間に関するプロジェクトである。

●アメリカ科学アカデミーのBEIR第七報告書諮問委員会の構成

私も含めて一六人からなるこの諮問委員会は一九九九年に設置され、ともに六年以上活動を続けてきた。委員会を構成する専門家たちは五つの異なる国とさまざまな分野から選ばれた。その分野とは、疫学、遺伝学、放射線学、物理学、がん生物学、放射線生物学、生物統計学、科学、リスクコミュニケーションである。

●経緯

関係する有識者の団体からたくさんの人が集まった。大学、政府機関（環境保護庁（EPA）、原子力規制委員会（NRC）、エネルギー省など）、業界団体、民間非営利団体、活動家が中心となったため、会合はときに対立的な雰囲気になった。関心が高く、人々の感情も高まった。もし報告書が政策に影響を及ぼすのであれば、危険性を高く評価すれば許容線量は引き下げられるだろうし、見積もりが低ければ防護基準が緩和されるかもしれない。手に入る文献は片っ端から見直され、矛盾するデータは可能な限りすり合わせが行われた。

●〝低レベル〟電離放射線とは何か

これには種々雑多な定義があり、難しい問題だ。私は見出しに〝低レベル放射線〟という言葉を含む学術誌を対象に調査してみたが、上は三〇〇〇ミリシーベルトから低いものでは二〇ミリシーベルトいう一九の異なる定義が見つかった。そこから委員会は独自の定義を導き出した。低レベル放射線とはゼロに近い数値から一〇〇ミリシーベルトまでとする、というものだ。

委員会が承認した一〇〇ミリシーベルト以下とは、我々が生活環境から一年間に受ける三ミリシーベルトという放射線量のおよそ三〇から四〇倍、コンピューター断層撮影（CTスキャン）の一〇回ぶん、胸部X線撮影一〇〇〇回ぶんに相当する。われわれの定義によれば、原爆被災者の約六五パーセントが低線量の放射線を浴びたことになる。

●放射線はどこからくるのか

日常的に浴びている放射線のほとんどは、自然環境に由来している。主に建築資材、大気、食物、宇宙空間、そして地球が——とりわけラドンガスの——出どころとなっており、人が晒される放射能の八二パーセントを占めている。およそ一八パーセントは人間の手で作り出したもので、そのうち五八パーセントは医療X線、二一パーセントは核医療、一六パーセントは煙草などの消費者製品である。そして二パーセントは核降下物、一パーセントは核燃料サイクル施設からきている。

毎年三億回を超える医療X線と一億二〇〇〇万回を超える歯科用X線が撮られている。もっと高い放射線を使う診断用のCTスキャンと合わせると、年間の平均実効線量は〇・

五ミリシーベルトとなる。なかでも下部消化管のX線、血管造影、画像下治療は被曝量が高く、八ミリシーベルトにまで達することもある。

ＣＴスキャンは継続的に行われるため、特に若者への影響が懸念される。というのも浴びた放射線の影響は蓄積されるからだ。長年にわたって繰り返し撮影を受けると、がんによる死亡率が高まる可能性がある。ラジオアイソトープ検査もまた、比較的被曝線量が高いことで知られている。

●ＢＥＩＲ第七報告書からわかったこと

幅広い分野を網羅する第七報告書のデータは、低レベルの放射線を浴びる機会が増えると放射線がんになる危険性が増すことを裏づけている。リスクの評価はおおむね、ＢＥＩＲ第五報告書の記載と一致する。

放射線はＤＮＡに損傷を与える。ヌクレオチドの塩基部の一本鎖切断や二本鎖切断、それに酸化的な変化を引き起こすのだ。ＤＮＡの欠損や遺伝子、染色体の損傷は腫瘍形成のきっかけにもかかわりがあるとされる。この数値以下なら細胞の損傷は起こらないと証明できるしきい値は存在しない。

放射線による危険度が他と比べて著しく高いがんは一二種類あることがわかった。白血病の他、肺がん、肝臓がん、乳がん、前立腺がん、胃がん、大腸がん、甲状腺がんが含まれる。乳がんの発症率は二倍近くにもなるが、他のがんは一・五倍ほどだ。

三〇歳で一〇〇ミリシーベルトの放射線を浴びた一〇万人が六〇歳に達したとき、がんになる確率は、男性八〇〇人、女性一三〇〇人と推定された。さほど大きな数字ではないが、被曝していない人の固形がんの自然発生率と比べると、かなりの数である。

第七報告書の発表以降、多くの重要な疫学調査の結果が報告された。二〇〇六年に一五の国で働いていた四四万六〇〇〇人の原子力作業従事者のうち、がんによる死亡率は一～二パーセント上昇したことが確認された。マヤーク核技術施設（※旧ソ連ウラル地方にある核施設。もとは軍事用であり、一九五七年に放射性廃棄物タンクの爆発事故を起こした）から出る大量の廃棄物が流れこんだテカ川の事例は、汚染された水域の影響を示すものである。ここではがんにかかる危険性が三パーセント上昇した。一七万五〇〇〇人の原子力作業従事者に関する英国の研究は、長期にわたる放射線被曝がより高い危険を招くことをつきとめた。二〇〇二年以降の一二の疫学調査は、ＢＥＩＲ第七報告書の結論を裏づけている。

反論する取り組みもある。低線量の被曝には有益な効果（ホルメシス効果）があるというものだ。〝バイスタンダー効果〟（放射線が当たっていない細胞が、あたかも照射されたかのような反応を示す現象）と呼ばれる適応反応と、ゲノムの不安定性への関心が高まっている。インドと中国の自然放射線量の高い地域のデータは、低レベル放射線の影響を証明するものだと解釈する人もいる。こうした考察については委員会がすべて再調査および分析をしたが、確信を得るにはいたらなかった。

誰もが抱く共通認識はこうだ。すなわち、我々はこの分野で不確かなものを扱っている。**放射線被曝の影響に男女差があるのは明らかだ。放射線に関係するがんの死亡率は、固形がんでは女性のほうが男性よりも三七・五パーセント高かった。幼児の被曝は大人の被曝と比べてがんの危険性が三〜四倍高く、女児は男児の倍近い確率でがんになる可能性があった。**こうした危険値はあくまで概算であり、信頼度は九五パーセントだと心に留めておいたほうがいいだろう。

低線量の被曝で危険が増すのは確かだが、格段に増すわけではない。一生涯に浴びる放射線量は蓄積されるので危険も高まる。若いときに受けた低レベルの放射線量は、おそらく一生のうち一〇〇人にひとりの割合でがん患者を増やすことになるだろう。

雑多な情報のなかから的確なものを見きわめることは放射線疫学上の大きな課題のひとつだ。高レベルの放射線被曝は心臓病の発症率を上げるが、低レベルの被曝の影響は認められない。被曝者の子孫が遺伝的影響を受けたという決定的な証拠はないが、動物実験では細胞の突然変異が増加し、それが次世代に受け継がれる可能性を示す結果が出ている。

ＢＥＩＲ第七報告書の諮問委員会は、偏見のない思慮深い人間の集まりであり、多種多様な分野の専門的知識を引き出せた。議論も戦わせたが、話し合いの過程で当事者が資料を提出して意見の一致につながることもあった。すべての答えは決して手に入らないだろう。それでも継続的な研究が我々の理解を深め、見積もりの精度を高めるはずだ。

第 19 章

原子力発電の台頭と衰退

The Rise and Fall of Nuclear Power

「原子力発電が
安あがりだったことはないし、
これからも決してそうならない。」
——デイヴィッド・フリーマン *David Freeman*

アメリカが原子力に浮かれた時代

原子力時代は原爆投下で幕を開けた。

この事件でアメリカが抱いた罪悪感を十全に理解できるのは、おそらく当時生まれていた人だけだろう。原爆投下の是非については誰も話したがらなかった。けれども当時の大統領ハリー・S・トルーマンは、この悲劇から恩寵を得られると信じた。とてつもないこの神のような力をいかに人類の利益に転じるか、国を挙げての議論に沸いた。

発言のいくつかを振り返ってみよう。マンハッタン計画のための研究が盛んに行われていたシカゴ大学の当時の学長、ロバート・メイナード・ハッチンスは、原子力について次のように述べている。「ありあまるほどの熱を生み、舞い降る雪を溶かすことさえできるだろう。原子力発電所の中枢で一日に数時間、実に単純な作業をするごく少数の人間が、社会が必要とする熱、光、電力のすべてをもたらす。おまけにこうした光熱費は非常に安あがりゆえ、現場の労働コストなどかかっていないも同然だ」これまで車のガソリンを週に二回入れていたところ、錠剤ほどの原子力の粒を年に一度燃料タンクに放りこむだけですむようになる、そんな噂もささやかれた。石油をめぐって国どうしが争う日は終わり、原子力時代が豊かな歴史の到来を告げるだろう。

人々はそう信じた。誰もが舞いあがっていた。

そうしている間に、アメリカ原子力委員会（ＡＥＣ）の委員長デイヴィッド・リリエンソールはトルーマン大統領に報告していた。爆弾の備蓄が底をついていることを。おりしもソ連が核実験を行っていた。リリエンソールの日記によると、民生用の原子力の話は一度も議題にのぼらなかった。軍拡の時代、原子力にまつわる牧歌的叙事詩はすべて空言に終わり、水素爆弾が取って代わった。結局のところ、象牙の塔に守られた物理学者たちは、配管やポンプや原子炉の民生転換のための装置で手を汚す必要はなかったのだ。

原子力を初めて民生に転用した原子力潜水艦ノーチラス号を民間企業とともに開発したのは、のちに四つ星階級章の海軍大将となるハイマン・Ｇ・リッコーヴァーだ。しかし天文学的な費用がかかったため、結局ほとんど民間に適用されることはなかった。それでも人々にとって、原子力にまつわる夢がまったくの的はずれではなかったかもしれないと考えるようになった。原子力に浮かれる時代は一九五〇年代に入るまで続いたが、研究は何も生み出さなかった。民生用の原子炉建設など夢のまた夢だとわかっていたが、ＡＥＣは兵器開発を続行する資金を連邦議会から確保するため、大それた約束を次々に口にした。

国民のための原子力計画が始まったのは一九五七年、連邦議会がプライス・アンダーソン法（※原子力事故の損害賠償制度に関する法律）を成立させた年だった。原子炉に関する初期の研究は失敗に終わったが、一九六三年にゼネラル・エレクトリック（GE）がニュージャージー州オイスタークリークの原子力発電所建設の入札に参加すると急展開を迎えた。GEが提示した、石炭火力発電所よりも安い入札額を、AECは原子力の商業化の第一歩として称えたが、これは採算度外視の破格値だった。GEは原子力発電所がどれほど金食い虫か知らなかったが、今が商機ということだけはわかっていた。稼働可能な状態で引き渡しを行うターンキー契約でコストを抑え競争力を得たが、入札額は実際かかった費用をはるかに下回っていた。費用超過時代の始まりだ。発電所は石炭火力に対抗できる値段で建てる先から売れていった。けれども実際はアメリカでもどこでも、コスト競争力のある原子力発電所が建てられたことはない。ここで一気に、塩漬けの開発計画——過剰なリップサービスの源——が一大ブームとなった。

一九六〇年代にGEが私の法律事務所を訪れ、ニュージャージー州に六基の原子炉を建てたいので、そこに電力公社を設立する支援を依頼してきたのを覚えている。幸いにもGEの弁護士たちが独占禁止法に触れると言って計画を中止させたが、それが当時浸透していた考え方だった。一年後、ピーボディ石炭会社が我々のもとに来て、今後西部で石炭資源が開発されるとは思えず、将来は原子力が石炭に取って代わるのではないかという懸念を口にした。石炭火力のコストを抑えるために、低金利で電力公社を作りたい、そうすれば原子力と渡り合うチャンスがあるかもしれないと訴えた。

事態はさらに悪化した。一九七六年に私がテネシー峡谷開発公社（ＴＶＡ）を引き継ぐころには、公社はもう何年も前から石炭火力の整備をやめていた。原子炉を一二基も所有していたので、石炭火力を手放し原子力に乗り換えるつもりでいたのだ。これに対し、我々は一〇億ドルを投じて石炭火力に洗浄機と汚染物質除去装置を取りつけた。

ＡＥＣ委員長のグレン・Ｔ・シーボーグは言った。「これからは原子力の時代だと確信している」六〇カ国を回り、アイゼンハワー元大統領が一九五三年一二月八日に国連総会で行った〝核の平和利用〟の有名な演説を引き合いに、平和のための原子力を売りこんだ。大半がシーボーグを信じた。私が初めてイスラエルを訪れたとき、元首相ダヴィド・ベン＝グリオンに尋ねたことがある。国家はどうして原子力発電所の建設を検討しているのか？　元首相は、原子力を持っていなければ近代国家ではないからだと答えた。それこそアメリカが作りあげ、世界中に売りこんだ考え方だった。

ＡＥＣは原子力の促進と制御の二役を担っていたが、重きを置いていたのは促進だ。安全性に対して疑問を呈した職員の報告は封殺された。世間が原子力に浮かれていた一九六〇年代のうちは、安全性について公に論じられることはなく、原子力発電所の発注が殺到していた。安全な原子力など存在しない。原子力発電所は原爆へと続く。これがまた、アメリカが世界に売りこんだ計画を実行に移しつつあるイランや北朝鮮など他国との対立を生んでいる。原子力を推進しておきながら、各国に原爆の製造中止を働きかけ、それを世界に支持してもらおうなど偽善とおごりのきわみだ。

未来の世代をおびやかす問題を放置するな

ひとつ一貫して不変なことがある。原子力発電が安あがりだったことはないし、これからも決してそうはならない。改良された最新技術をもってしても、一〇億から二〇億ドルの費用超過となる。三〇年前、核エネルギーをもてはやしていたころ、原子力は代替エネルギー源だった。原子力に取って代わるような、再利用可能で環境に悪影響を及ぼさない技術はなかった。手ごろな風力発電や太陽光発電は未来の話だった。けれども今はまったく状況が違う。

現在、反核運動は起きていない。もちろんたまに集まって昔ながらの話を繰り返す人たちはいるが、反核運動はアメリカ国民とのつながりをすっかり失ってしまった。スリーマイル島の事故が原子力産業を二〇年から三〇年後退させたが、それでもアメリカにはまだ、地震や人為的な事故が発生すれば壊滅的な被害を招きかねない原子炉が、廃炉を含めれば一五〇基ある。**一〇年ごとに何かしらの事故は起きており、その連鎖が断ち切られたとは考えられない。**

反核運動がもたらすものは、これまであまりに否定的だった。そうではなく、国全体を納得させるために、反核運動は他の環境問題専門家と手をつなぎ、原子力は気候を変動させるほど人類にとって脅威だという意見に賛同してもらうべきだ。くわえて、明るい面も伝えなければならない。代替エネルギー源は存在するので、単純に炭素かプルトニウム、二者択一の問題ではないと人々に知ってもらう必要がある。

科学者ひとりひとりが代弁者になれる。博士論文を書くだけではなく、声をあげて市井の人々にも語りかけられるような――平均的なアメリカ人が共感できる原子力の側面について語るような――知識人を世界は必要としている。一般的なアメリカ人は、二五年間、事故もなく稼働を続ける発電所が突然人を殺すとは思っていない。

平易な言葉で伝えるべきは、自分たちの裏庭に三〇年ぶんの使用済み核燃料や放射性廃棄物が積みあげられていて、安全に保管する場所を誰も知らないという事実だ。廃棄物は水泳プールに浸かっていて、ひとたび水が漏れ出せば爆弾に匹敵する威力や規模で火災が発生するだろう。原子炉の閉鎖を求めるもっとも強力な意見としては次の主張が挙げられる。**処理方法がわからない放射性廃棄物を排出し続け――掃いたごみをじゅうたんの下に隠して――未来の世代に問題を丸投げするのは社会的倫理に反する。**おまけに将来この放射性廃棄物を監視する費用については、誰も口にしていない。

とはいえ、私は楽観主義者だ。太陽・風力エネルギーは以前に比べ費用効率が高まり、多くの州が着手を希望している。放射性廃棄物や、どの原子力発電所も電気料金を上げている事実を話す必要があると同時に、反核運動として太陽エネルギーを支持することにも力を注ごう。そうすれば、我々は勝利を収められるかもしれない。

第 20 章

原子力時代とこれからの世代

The Nuclear Age and Future Generations

「誰もがこれ以上ないほど
正しいと信じているのは、
もっと金を稼ぐこと。
こうして地球を殺している。」

——ヘレン・カルディコット *Helen Caldicott*

二〇〇七年、アージュン・マキジャーニは、『CO$_2$と核からの脱却：アメリカエネルギー政策のロードマップ』と題した注目すべき研究論文を発表した。私が取りまとめをしたシンポジウムと、そこでのデイヴィッド・フリーマンの講演に端を発するこの論文は、アメリカが代替エネルギー源に切り替えれば、二〇五〇年までにCO$_2$からも核からも解放されることを示唆していた。ドイツではほとんどの住宅がそうであるように、アメリカでも全戸にソーラーパネルを取りつけられる。ミシシッピ川の西側には全米が必要とするエネルギーの三倍を余裕で供給する風が吹くので、風力発電機を全土に設置してもいい。けれども、ワシントンの連邦議会がお粗末で、ホワイトハウスの大統領が企業の奴隷と化した状況でこの展望を今後五〇年で実現させるには、変革しか道はない。

一九七八年に私が初めてアメリカに来たころは、話しかけたアメリカ人のほぼ全員が共産主義になるくらいなら死んだほうがましだと語った。言葉を変えれば、共産主義者になるくらいなら核戦争をしたほうがましだということだ。この病んだ集団心理に反して、社会的責任を果たすための医師団（PSR）と私は一五三の支部に二万三〇〇〇人の医師を採用し、マスコミとかかわりを持つように教育した。するとすぐに大量の情報が入ってきた。マスコミの反応は質問というかたちで現れた。本質的には医学的というより政治的と言える問題に、なぜ医師が関与しなければならないのか。この質問に対する私たちの答えはこうだ。

「**核戦争は人類を滅ぼしかねないのだから、これは医学的な問題です**」

私たちは全米各地でシンポジウムを開き、どんどん注目を集めるようになっていった。人々は耳を傾け出した。ボストン大司教はある朝、起きぬけに『ボストン・グローブ』紙に載った地図を見て不安になった。そこには核攻撃を受けたと想定した被害状況が載っていた（半径八キロ圏内にいる人はみな気化し、三二キロ圏内の人は第三度のやけどを負い、七七〇平方キロが炎に包まれる）。そして「イエスがこれを好まれるとは思えない」と言った。リリー・トムリン（※アメリカの女性コメディアン）やサリー・フィールド（※アメリカの女優）といった著名人も私たちの仲間に加わった。マスコミの気を引けたという意味でもありがたかった。ツイードのスーツ姿で核戦争の医学的影響について話すオーストラリア人医師など誰も見たくないのだから。

五年後、アメリカ人の八〇パーセントが核戦争に反対の姿勢を示した。大統領ロナルド・レーガンもそのひとりだった。レーガン大統領と長い面談を行ったときのことを思い出す。彼を説得できなかったと感じたが、後日大統領が、核戦争は決して起こってはならないし、そこに勝者はいないと語っていたのを耳にした。その後、大統領は当時のソ連最高指導者ミハイル・ゴルバチョフと話し合いを進めた。ゴルバチョフ自身もかつて、核戦争が医学的にどんな結末をもたらすか私たち医師が討論する姿をテレビで見ていた。下院議長のティップ・オニールが依頼に応じて、私たちが制作した映像作品『最後の蔓延』を連邦議会のすべてのモニターで流してくれたこともある。オニールはのちに、核兵器の凍結に貢献できたことは自身のキャリアのうちでも非常に重要なできごとだったと話した。

私たちはセントラルパークでもデモを行った。結果的に、それはアメリカ史上最大のデモのひとつになった。総勢一〇〇万人を超えた参加者のなかには、ハーレムから来たアフリカ系アメリカ人の同性愛者、南部バプテスト派の人々、ソルトレイクシティからのモルモン教徒も含まれていた。レーガン大統領の話す言葉は国益のためのスター・ウォーズ計画とミサイル防衛の話に戻ってしまったかもしれないが、そのときまでにアメリカの人口のほとんどが核兵器の根絶を支持するようになっていた。私たちは革命を起こしたのだ。冷戦の終結に貢献する平和的な革命だった。

うまくいったのは良識のおかげだった。第三代アメリカ大統領トーマス・ジェファーソンの言葉、「教養のある民衆は責任ある態度を取る」のとおりだ。しかし**今、常に携帯電**

話でツイートしたり、メールを書いたりしている若い世代は見聞が狭い。自分たちの世代が原子力時代から何を受け継ぐか理解しておらず、私は気をもんでいる。将来的に原発事故が起こり得るだけではなく、どこに保管すればよいか誰もわからない、膨大な放射性廃棄物を引き受けるはめになるのだ。この廃棄物は漏れ出すだろう。食べ物や水を汚染し、最終的にはがんの蔓延を誘発して、人類の遺伝子に取り返しのつかない損傷を与える。**子孫の時代を想像してみてほしい。食べ物も母乳も放射性物質にまみれ、子宮にいるうちから放射線を浴びたせいで奇形児が産まれ、子供が六歳でがんと診断される世界を。**こうしている間も、原子力産業界はさらなる発電所建設のことしか考えていない。彼らは傲慢で、自分の汚した場所をきれいにすることや放射線廃棄物が将来引き起こす害にまったく関心を示そうとしない。

　この害には遺伝子の突然変異も含まれる。そのほとんどが、病気を引き起こしたり、劣性遺伝子に見られたりするような変異だ（優性遺伝子に見られる突然変異の大部は死を招く）。ハーマン・ジョーゼフ・マラーのノーベル賞受賞理由となったショウジョウバエの実験が示したように、問題は、突然変異が現れるまで二〇世代かかることもある点だ。遺伝子的に受け継がれるのがわかっている糖尿病や嚢胞性線維症といった六〇〇〇種の疾病と同じである。よって医学的見地から言うと、広島や長崎の原爆によって直接引き起こされた遺伝的異常の兆候が見られないからといって、被爆者の遺伝子が何の損傷も受けていないと結論づけるのはばかげている。

日本政府は学童の年間線量当量限度を二〇ミリシーベルトにする提案をし、危険度は低いと主張している。『電離放射線の生物学的影響に関する委員会第七報告書』の試算によると、このレベルの放射線に五年以上晒された場合、つまり合計一〇〇ミリシーベルトの放射線を浴びた場合、女児は五歳からがんを発症する確率が三パーセント程度生じるとされている。男児は発症の危険性が低いが、女児が一〇〇人いればおよそ三人の割合でがんになり、誰がなるにせよそのがんは被曝とかかわっている可能性がある。しかし、いっそう衝撃的なのは親たちが感じる恐怖感と罪悪感だろう。このような被曝がもとでわが子ががんになるかもしれず、とりわけほとんどのがんは潜伏期間が長いのだ。

アメリカ国防省はこのことを理解していた。一九四六年七月にビキニ環礁で行った核実験によって生じた汚染の程度を調査したからだ。その報告書には次のように記されている。

汚染地域の生存者のうち、数時間で放射線病になる運命の者もいれば、数日で、あるいは数年で発病するだろう者もいた。しかし、汚染地域は風と地形に由来するため広さも形状もふぞろいで、汚染されていない地域との境界線は目に見えない。自分が放射線病になる運命を逃れたのか誰も確証が持てない。よって、現状のあらゆる恐怖に加え、**何千人もが死そのものと、その死がいつ訪れるのかわからないという恐怖に襲われるだろう。**

こうしたことが今、福島の周辺地域で起きている。チェルノブイリでも同様の事態が起こった。

私たちは困難な状況に置かれている。この惑星の終焉と向き合っている。かつて天文学者のカール・セーガンに、宇宙には他にも知的生命体が存在すると思うか聞いたことがある。彼は一瞬沈黙してから、こう答えた。「思わないね。どんな種だって、僕らのような進化の段階に到達したら自滅するだろうから」

確かに私たちは自滅を決意しているように見える。アメリカとロシアは世界の水爆の九七パーセントを保有している。両国に約一〇〇〇個ずつあり、いつでも発射できるようになっているが、一方で一日一〇〇〇人ほどのハッカーがアメリカ国防省のコンピューターに侵入を試みている。アメリカは社会的に容認された殺人のために何兆ドルも費やしているものの、他の文明社会ではほぼ実現している無料の医療サービス制度を持っていない。

地球温暖化も私たちにのしかかっている。オーストラリアではかつてないほど暑い日々が続いた。私は熱を受けると発火するユーカリの木々が茂る森のなかで暮らしている。森林火災が空から灰を降らせる一方で、国内の他の地域はひどい洪水に見舞われる。その間も私たちは中国へ石炭の輸出を続け、中国では石炭を燃やして深刻な大気汚染を引き起こし、人々は呼吸困難で酸素ボンベを買っている。私たちはプラスチック製品を次々に製造するが、太平洋にはテキサス州の二倍の大きさの、プラスチックごみの島が浮かんでいる。そのプラスチックごみが腸閉塞とがんの原因となるビスフェノールAを生み、ごみを食べた魚と、魚を食べた鳥がフタル酸中毒になる。私たちはずっと水圧破砕（※地下の岩盤に超高圧の水を注入して亀裂を生じさせる工法。高温岩体発電やシェールオイルの採掘などに利用される）を許しているが、この方法は取り返しがつかないほど環境を破壊する。こうしている間も、常にあがめられているのは金だ。**誰もがこれ以上ないほど正しいと信じるのはもっと金を稼ぐこと。こうして地球を殺している。**

地球は危篤状態にある。私たち全員が病みゆく地球のための医師になる必要がある。そうでなければ子供たちに何も残せない。地球温暖化は止められる。採炭をやめ、水圧破砕を中止し、電気の無駄遣いをなくすことはできる。いつでも湯を沸かせる代償として、プルトニウムを生み出さなくても他に方法はある。アメリカ中の駐車場にソーラーパネルをかぶせ、ソーラーカーに乗ろう。エネルギー需要を太陽光、風力、地熱に求めよう。

私たちの権利意識はとどまるところを知らない。最高三〇パーセントの電気を無駄にしながら、電気がどこから来るのか聞くと、ほとんどの人は見当もつかない。こうした人たちは、たとえば私たち全員が衣類乾燥機を使わなければ、原子力で生み出すのとほぼ同量のエネルギーを節約できることを知らないだろう。私たちがしなければならないのは、メディアを通じて人々に知らせること、データを分析して解説する機会を医師や科学者に与えることだ。人々を啓蒙し、自分たちの生き方と原子力が招く結果を考えさせることだ。そして何より、**自分たちの子供を守るにはどうすればよいのか真剣に考えることだ。**アメリカが今日のように豊かになったのは、天然資源のためだけではなく人々の創意のためでもある。アメリカは全世界に対して、エネルギーに責任を持つ国が何をすればいいかたやすく示すことができる。達成すれば誇りが持てる。けれどもそのためには変革が必要だ。そしてその変革は、あなたが始めなければならない。

Notes

はじめに

ヘレン・カルディコット

1. "Japan Sat on U.S. Radiation Maps Showing Immediate Fallout from Nuke Crisis（日本は原子力危機直後の緊急放射性降下物を示すアメリカの放射線マップを公表せず）"ジャパンタイムズ、二〇一二年六月一八日付

2. A・V・ヤブロコフ、V・B・ネステレンコ、A・V・ネステレンコ、ナタリヤ・E・プレオブラジェンスカヤ著『調査報告 チェルノブイリ被害の全貌』（岩波書店、二〇一三年刊）

3. A.P.Møller and T.A.Mousseau "The Effects of Low-Dose Radiation: Soviet Science, the Nuclear Industry - and Independence?（低線量被曝の影響：ソビエトの科学、原子力産業、そして独立?）" Significance 10, no.1（2013）: 14-19.

第五章　放射性セシウムに汚染された日本

スティーヴン・スター

1. たとえばノルウェー大気研究所の予想によると、福島の損壊した原子炉からはチェルノブイリの原子炉が損壊したときの二・五倍の放射性キセノン133が放出された。キセノン133の半減期はおよそ五日なので、二カ月の間にはそのほとんどが環境から消滅した。しかし福島からの風がキセノン133の巨大な雲を首都圏上空に運び、二〇一一年三月一四日から三月二二日にかけて、大気中の一立方メートルにつき、毎秒平均一三〇〇個の原子核が崩壊（一三〇〇ベクレル）した（日本分析センターによる）。日本政府は東京都民に予防措置を講じるよう警告する道を選ばなかった。

2. これは大惨事となった原発事故で放出されたその他の長寿命放射性核種の重要性を損なうものではない。ス

トロンチウム90やプルトニウムはセシウム１３７と同じくらい、もしくはさらに深刻な影響を生命体に及ぼしうる。けれどもそれが原子炉の事故で放出された量は、セシウム１３７と比較するとかなり少ないようなので、この章では放射性セシウムに重点を置く。

3. セシウムは摂氏六七一度で気体になる（一気圧下の場合）。それに対し、燃料棒が熱せられて損傷を受けるのは摂氏約八一五度で、融解するのは摂氏一八一五度だ。燃料棒内部のガス圧が高まることで破裂（ジルコニウム合金の被覆管が爆発）する。使用済み核燃料棒の被覆管は、空気に晒され摂氏約九八〇度まで加熱されると発熱を伴った反応を起こし、壊滅的な火災を引き起こす。この結末は原子炉のメルトダウンよりも潜在的に深刻なものだ。（B.Alvarez〝What About the Spent Fuel?（使用済み核燃料はどうなった？）〟Bulletin of the Atomic Scientists, January-February 2002, 45-47

4. この降下物は上空からの雨によってもっとも凝縮していくが、沈着が均一ではないことから、規則性を持たずに凝縮していく傾向がある。

5. セシウム１３７の配布にランダムな傾向があるのはもちろんだが、あらゆる場所で見い出される。その範囲はセシウム１３７が含まれている木々から――その薪を使って料理をしたり暖をとったりすれば放射性の煙が発生する――あらゆる種類の植物や動物組織に及ぶ。このような環境下においては少量の放射性核種（主にセシウム１３７）に毎日晒されることは、事実上避けられない。その九四パーセントが食物の形をとって体内に取りこまれるからだ。（V・B・ネステレンコ、A・V・ネステレンコ〝チェルノブイリ原発事故に由来する放射性核種の体外排出〟、A・V・ヤブロコフ、V・B・ネステレンコ、A・V・ネステレンコ、ナタリヤ・E・プレオブラジェンスカヤ著『調査報告 チェルノブイリ被害の全貌』（岩波書店、二〇一三年刊）

6. 水生、陸生の動植物のいずれであっても、カリウム同様にセシウムを蓄積する傾向がある。この傾向は菌やベリーといった、カリウムを大量に含む陸生生物にとりわけあてはまる。植物によるセシウムの取りこみは、肥料としてカリウムを追加することである程度抑制が可能だ。水が濁っている水生系でも取りこみを低く抑えることができる。

7. A.Madrigal〝Chernobyl Exclusion Zone Radioactive Longer Than Expected（チェルノブイリ立ち入り禁止区域放射能、予想より長期残留）〟Wired.com, December 15, 2009.

8. これらは放射能を表現するには「古びた」術語と考えられていることはわかっているのだが、ほとんどの人にとってもっとも単純で理解しやすい。放射線科学の分野で術語が頻繁に変更されるのは、ある意味、門外漢の聴衆を煙に巻くためではないかと私は考えている。

9. ラドンやその娘核種（※ある放射性核種が崩壊して変化した核種）であるポロニウムといった、高い放射能を持つ天然の放射性核種も存在するが、その半減期は大変短く、食材に発見されることはほとんどない。食物連鎖に組みこまれるはるか以前に自然消滅するからだ。

10. 一グラムあたり八八キュリーの放射能においては、セシウム１３７がバリウム１３７ｍを経てバリウム１３７に崩壊する過程が含まれており、バリウム１３７ｍ（※ｍは準安定状態〈Metastable state〉を表す）は崩壊時に強力なガンマ放射線を放出する。バリウム１３７ｍの半減期は三分にも満たない。

11. この数値モデルは、さまざまな原子粒子が及ぼすと予想される生物的影響と、影響を受ける組織に特有の重み係数をかけ合わせている。しかしその計算方法は、狭い範囲の細胞群に加えられた線量を、その細胞群が存在する器官系ないしは組織全体で平均化してしまう。同じ線量でも影響を及ぼす範囲はさまざまであることを考慮すると、正当なものとは認めがたい。

12. R.Alvarez, J.Beyea, K.Janberg, J.Kang, E.Lyman, A.Macfarlane, G.Thompson, F.von Hippel〝Reducing the Hazards from Stored Spent Power-Reactor Fuel in the United States（アメリカにおける貯蔵された原子力発電所の使用済み核燃料の危険性を減らす）〟Science and Global Security 11（2003）: 7.

13. 〝The Big Picture〟RT.com 二〇一一年五月一七日
(http://www.youtube.com/watch?v=xEFtfkJc4kM)

14. ローレンス・リバモアの科学者たちは画像をここで再出版しようという私の要望を断ったが、オンラインで、Gayle Sugiyama と John Nasstrom による〝Overview of the NARAC Modeling During the Response to the Fukushima Dai-ichi Power Plant Emergency（福島第一原子力発電所の緊急時対応中ＮＡＲＡＣのモデリングの概観）〟二五ページで見ることができる。福島第一原子力発電所から大気中に放出された放射線量を推定するためのソースターム評価方式に関する国際ワークショップ、二〇一二年二月二二―二四日
(http://www.ral.ucar.edu/nsap/events/fukushima/documents/Session1_Briefing3-Sugiyama.pdf)

15. 一年に一ミリシーベルトは現在のアメリカの放射線被曝安全基準値と似ている。

16. この数字は元スイス大使、村田光平氏が福島県の役人から手に入れ、提供してくれた。

17. M.Fackler〝Japan's Nuclear Refugees, Still Stuck in Limbo（日本の原子力避難民、いまだ地獄の辺土に）〟ニューヨーク・タイムズ、二〇一三年一〇月一日付

18. ギャップを埋める委員会、核資料情報サービス、ロサンゼルス社会的責任を果たすための医師団、アメリカ放射線防護測定委員会南カリフォルニア科学者連合の報告書案ＳＣ５－１、〝Approach to Optimizing Decision Making for Late-Phase Recovery from Nuclear of Radiological Terrorism Incidents（核放射線テロリズム事件からの回復後期に必要な意思決定最適化のためのアプローチ）〟二〇一三年四月

19. A.Makhijani〝The Use of Reference Man in Radiation Protection Standards and Guidance with Recommendations for Change（放射線防護基準とガイダンスにおける標準人の使用、修正の推奨つき）〟エネルギー・環境研究所、二〇〇八年一二月

20. 同右

21. これらの変換は等価線量を得るため、想定された「放射線荷重係数」を吸収線量にかけることで求められる。それから、想定された「組織荷重係数」に等価線量をかけることで、総実効線量が求められる。「実効線量係数」という係数もあり、放射性核種が体内に入った後、時間を平準化して「預託」された体内線量を計算するために用いられる。

22. 内部放射の放射線リスク検証委員会、ロンドン、〝Report of the Committee Examining Radiation Risks of Internal Emitters（CERRIE）（内部放射の放射線リスク検証委員会による報告書）〟二〇〇四年一〇月

23. 放射能を帯びた煙を吸いこむことで、膨大な量のセシウム１３７が人体に取りこまれる可能性もある。ベラルーシやウクライナの田舎の家庭では料理や暖房に薪が使われるが、汚染地域ではその薪が放射性を帯びているからだ。薪を燃やすことで放射能が放出されるのだ。ソ連時代から傑出した医師である、ベラルーシ在住のワシリー・ネステレンコ（二〇〇八年に死亡）は、こういった家庭の煙突は絶え間なく放射性を帯びた薪を燃やし続けたため「ミニチュアサイズの原子炉」になったと評した。

24. 国際放射線防護委員会（ＩＣＲＰ）〝Application of the Commission 's Recommendations to the Protection

of People Living in Long-Term Contaminated Areas After a Nuclear Accident or a Radiation Emergency（原子力事故あるいは放射能の非常事態発生後、長期間汚染地域に居住する人々の防護を推奨する委員会による申請書）〟Annals of the ICRP 39, no.3（2009）.

25. Y.Bandazhevsky〝Chronic Cs-137 Incorporation in Children's Organs（小児の臓器におけるセシウム137の長期的な取りこみ）〟Swiss Medical Weekly 133, no.35-36（2003）:488-90

26. ウラジミール・チェルトコフの優れたドキュメンタリー『核論争』があり、そのなかで、自宅軟禁中のバンダジェフスキー博士へのインタビューを含めこの事件の多くが語られている。

27. ベルラド放射能安全研究所のウェブサイト〝General Overview〟（www.belrad-institute.org/UK/doku.php）

28. A.Yablokov, V.Nesterenko, and A.Nesterenko〝Chernobyl: Consequences of the Catastrophe for People and the Environment（チェルノブイリ——大惨事が人々と環境に及ぼした影響）〟ニューヨーク科学アカデミー年報 vol.1181（Boston:Blackwell Publishing on behalf of the New York Academy of Sciences, 2009）, viii, 42

29. 国連開発計画〝Belarus: Choices for the Future（ベラルーシ：未来の選択）（Minsk: National Human Development Report, 2000）〟, 32（http://hdr.undp.org/sites/default/files/belarus_2000_en.pdf）

30. J.Vidal〝UN Accused of Ignoring 500,000 Chernobyl Deaths（チェルノブイリ五〇万人の死者を無視して告発される国連）〟ガーディアン、二〇〇六年三月二四日付

31. 同右

32. 核戦争防止国際医師会議〝Health Effects of Chernobyl: 25 Years After the Reactor Catastrophe（チェルノブイリの健康への影響：原子炉の大災害から二五年）〟二〇一一年四月

33. 同右

34. 原子力発電所は石炭やガスを燃焼させる発電所と同じ原理で電気を生み出している。大量の熱エネルギーを発生させ、それを利用して水を沸騰させ蒸気を作り出し、その蒸気の力でタービンを回転させ電気を起こし

ている。原子力発電所は電気を作るために発明されたものではなかった。核兵器に用いられるプルトニウムを製造するために設計されたのだ。燃料にウラニウムを使う、すべての一〇〇〇メガワット級の商業用原子力発電所は、毎年約四〇個の核兵器が作れる十分な量のプルトニウムを生み出している。

第十章　WHOとIAEA、ICRPがついた嘘
アレクセイ・V・ヤブロコフ

参考文献

Arynchyn.A.N., and L.A.Ospennikova "Lens Opacities in Children of Belarus Affected by the Chernobyl Accident." In Recent Research Activities on the Chernobyl Accident in Belarus, Ukraine, and Russia 168-177 今中哲二編　京都：京都大学　一九八八年

Bennet, Burton, Michael Repacholi, and Zhanat Carr eds. Health Effects of the Chernobyl Accident and Special Health Care Programmes:Report of the Chernobyl Forum Expert Group "Health". Geneva:World Health Organization ジュネーブ：WHO　二〇〇六年

Broda.R "Gamma Spectroscopy Analysis of Hot Particles from the Chernobyl Fallout." Acta Physica Polonica B18, no.10 935-950　一九八七年

Fairlie,I., and D.Summer "The Other Report on Chernobyl（TORCH）." Berlin：Altner Combecher Foundation 二〇〇六年

Grodzinsky,D.M. "Ecological and Biological Consequences of the Chernobyl Accident." In Chernobyl

Catastrophe:History, Social, Economics, Geochemical, Medical and Biological Consequences, ed. V.G.Bar'yakhtar 290-315 Kiev:Naukova Dumka　一九九五年

Koerblein,A. "Studies of Pregnancy Outcome Following the Chernobyl Accident." In ECRR: Chernobyl 20 Years On:Health Effects of the Chernobyl Accident, ed. C.C.Busby and A.V.Yablokov　227-24　Aberystwyth：Green Audit Books　二〇〇六年

Koerblein,A. "Einfluss der Form der Dosis-Wirkungsbeziehung auf das Leukämierisiko. " Strahlentelex,nos. 524-525　二〇〇八年：8-10

Kryvolutsky.D.A. "Change in Ecology and Biodiversity After a Nuclear Disaster in the Southern Urals.（南ウラルの核災害後の生態学と生物多様性の変化）" Sofia:Pensoft　一九九八年

Lyaginskaya,A.M., A.R.Tukov, V.A.Osypov, and O.N.Prokhorova "Genetic Effects on Chernobyl's Liquidators." Radiation Biology Radioecology 47,no2　188-195　二〇〇七年

Malko,M.V. "Assessment of the Medical Consequences of the Chernobyl Accident." In The Health Effects on the Human Victims of the Chernobyl Catastrophe,de.I.P.Blokov 194-235　Amsterdam:GreenPeace International 二〇〇七年

Petoussi-Henss,N., et al. "Conversion Coefficients for Radiological Protection Quantities for External Radiation Exposures." Annals of the ICRP 40,no-2-5　二〇一〇年

SCherb,H., and K.Voigt "The Human Sex Odds at Birth After the Atmospheric Atomic Bomb Tests, After

Chernobyl, and in the Vicinity of Nuclear Facilities." Environmental Science and Pollution Research 18,no.5 697-707 二〇一一年六月

Sinkko,K., H.Aaltonen, R.Mustonen, T.K.Taipale, and J.Juutilainen "Airborne Radioactivity in Finland after the Chernobyl Accident in 1986, Report STUK-A56. " Helsinki:Finnish Center for Radiation and Nuclear Safety 一九八七年

Sperling,K., H.Neitzel, and H.Scherb "Evidence for an Increase in Trisomy 21（Down Syndrome）in Europe After the Chernobyl Reactor Accident." Genetic Epidemiology 36,no.1 48-55 二〇一二年

Tscheglov,A.I. "Biogeochemistry of Technogenic Radionuclides in the Forest Ecosystems. " Moscow:Nauka 一九九九年

Yablokov,A.V., V.B.Nestarenko, and A.V. Nestarenko "Chernobyl:Consequences of the Catastrophe for People and the Environment." Annals of the New York Academy of Sciences 1181 二〇〇九年

第十一章　ウクライナ、リウネ州における先天性奇形

ウラジミール・ヴェルテレッキー

1、吸収放射の一単位で、物質一キログラムあたり一ジュールのエネルギー吸収に等しい。

参考文献

Dancause, Kelsey Needham, Lyubov Yevtushok, Serhiy Lapchenko, Ihor Shumlyansky, Genadiy Shevchenko,

Wladimir Wertelecki, and Ralph M.Garruto. "Chronic Radiation Exposure in the Rivne-Polissia Region of Ukraine: Implications for Birth Defects." American Journal of Human Biology 22, no.5 : 667-674 doi:10.1002/ajhb.21063　二〇一〇年

Wladimir Wertelecki, Lyubov Yevtushok, Natalia Zymak-Zakutnia, Bin Wang, Zoriana Sosyniuk, Serhiy Lapchenko, and Holly H.Hobert. "Blastpathies and Microcephaly in a Chornobyl Impacted Region od Ukraine." Congenital Anomalies　doi:10.1111/cga.12051　二〇一四年一月一三日（印刷出版に先立ってオンライン出版）

第十八章　低レベル電離放射線の被曝によるがんの危険性

ハーバート・エイブラムス

参考文献

Beyea,J., and M.Bricker. "Risks of Exposure to Low-Level Radiation." Bulletin of the Atomic Scientists 68　二〇一二年

監修　ヘレン・カルディコット博士（Dr. Helen Caldicott）

医学博士。オーストラリア出身。オーストラリアとアメリカの医学界に貢献し、またその間、ハーバード大学の医学部において、遺伝的嚢胞性線維症の治療、さらには、ハーバード大学医学部教員として小児科をめざす医学生の育成にあたる。レーガン大統領時代の1980年、核戦争の脅威からくる医学的影響に心を寄せるようになっていったのをきっかけに、グローバル予防医学の臨床実践へと専門を移す。また、「医学的見地から、原子力発電並びに核戦争がもたらす人体への影響」について、人々の認識を向上させることを主たる目的として、医師としての社会的責任を追及するための組織（総称 PSR）を設立する。世界各国から23,000人の医師たちがメンバーとして集結。1985年、この組織は、「核戦争防止国際医師会議」（IPPNW）の傘下の元、ノーベル平和賞を受賞。その後、ヘレン・カルディコット財団を設立し、各職種に就く者の立場から「核」の存在を憂い、「放射能」が女性や子供たちに及ぼす人体的影響に関する研究結果をアピールし続ける。http://nuclearfreeplanet.org

翻訳　河村めぐみ

日本で大学を卒業後、アメリカに留学。ミシガン大学心理学部大学院卒業。帰国後、外資系企業に勤務しながら、フィクション、実用書など、幅広く翻訳・編集業務に携わる。現在は翻訳に専念。訳書に『まじめなのに結果が出ない人は、「まわりと同じ考え方をしている」という法則』（三笠書房）『臨死体験9つの証拠』（小社刊）『ポール・ランドのデザイン思想』（スペースシャワーネットワーク）など。

終わりなき危機

―――日本のメディアが伝えない、世界の科学者による福島原発事故研究報告書

2015年3月3日　初版第一刷発行
2015年4月10日　初版第三刷発行

監修　ヘレン・カルディコット

日本語版スタッフ
翻訳　河村めぐみ
カバー写真　小原一真
ブックデザイン　秋吉あきら（アキヨシアキラデザイン）
ＤＴＰ　株式会社明昌堂
翻訳協力　株式会社ラパン
Special Thanks　竹内えり子（日本ユニエージェンシー）
編集　黒澤麻子　小宮亜里

発行者　木谷仁哉
発行所　株式会社ブックマン社
〒101-0065　千代田区西神田3-3-5
TEL 03-3237-7777　FAX 03-5226-9599
http://bookman.co.jp

印刷・製本　図書印刷株式会社
ISBN 978-4-89308-839-0